中华宫廷黄鸡

第二版

张国增　编著

U0288886

中国农业出版社

图书在版编目（CIP）数据

中华宫廷黄鸡/张国增编著.—2版.—北京：
中国农业出版社，2012.5
ISBN 978-7-109-16748-3

Ⅰ.①中… Ⅱ.①张… Ⅲ.①鸡-介绍-中国 Ⅳ.
①S831

中国版本图书馆 CIP 数据核字（2012）第 086224 号

中国农业出版社出版
（北京市朝阳区农展馆北路 2 号）
（邮政编码 100125）
责任编辑 黄向阳 耿韶磊

中国农业出版社印刷厂印刷 新华书店北京发行所发行
2012 年 7 月第 2 版 2012 年 7 月第 2 版北京第 1 次印刷

开本：850mm×1168mm 1/32 印张：5
字数：122 千字
定价：12.00 元
（凡本版图书出现印刷、装订错误，请向出版社发行部调换）

作者简介

  张国增，1944 年生，北京市门头沟区清水镇人。1965 年参加中国人民解放军，1977 年转业后一直从事畜牧工作。1963 年被评为北京市劳动模范。1991 年始，从事中华宫廷黄鸡育种与研究，先后任过北京市宫廷黄鸡开发公司总经理、北京宫廷黄鸡育种中心总经理。该书出版前至今仍保育该鸡种。有《山区养羊》、《科学养羊》、《巧法生态放养鸡》、《中兽医系统防治禽病大全》等著作。

内容提要

中华宫廷黄鸡是我国养禽工作者在对京郊地方品种——北京油鸡的长期选育过程中所形成的新种群之一，经溥杰先生亲自鉴定、品尝并题词命名。

中华宫廷黄鸡是我国的珍稀鸡种，具有独特的体型外貌和很高的营养滋补价值。其肉质细嫩、味道鲜美，并有一定的药用价值，是很有发展前途的鸡种之一。

该书较详细地介绍了中华宫廷黄鸡的起源、繁育、饲养管理、疾病防治等方面的内容。同时，作者对该鸡对人体的营养价值和作用进行研究试验，将中医药膳防病、治病的 22 个方剂编入书中。所以，本书不但可供养鸡场、专业养鸡户参考，还可供食品、膳食的研究人员参考。

第二版序言

《中华宫廷黄鸡》一书再版我很高兴，其一是，《中华宫廷黄鸡》第一版深受读者欢迎，纷纷要求再版，这间接说明该鸡营养价值对人体的功能性保健作用和其高端品味被人们已认识，饲养户逐渐增多；其二是，目前，网上有很多有关该鸡的网页，并且是肉蛋售价较高的禽类产品；其三是，中华宫廷黄鸡不但在大陆受到青睐，而且在我国香港也备受欢迎，现已成立了中华宫廷黄鸡环球发展集团有限公司，大力开发该项目。

人们饲养中华宫廷黄鸡的目的是为了吃，更准确地说是为人摄取营养，生命的需要而服务的。当前，人们的饮食已进入到吃讲保健，吃讲防病、治病的阶段，显然指鸡论鸡已单一化了；我们中华民族自古就讲药食同源，战国时代《神农本草经》就将乌雌鸡、丹雄鸡列为中草药；明代的《本草纲目》则列为更多味中草药；由此可见，我们中华民族的食文化不止是只为"吃"字，而讲究的是为人体健康。笔者希望上述之言使食品专家，尤其是畜牧兽医专家不但要重视家养物种的貌象和生产性能，而且也要重视其某项有机化学营养成分对人体防病、保健功能性方面，基于此进行这些方面的物种培育，以满足现代人类的需要。

此书再版修改过程中，侄子张磊为我的中华宫廷黄鸡饲养试验提供了数据，徒弟赵文庆、邢春刚为我提供了近年饲养经验，在此表示感谢！

笔者专业知识浅薄，水平有限，请读者指正，在此表示欢迎并致谢！

张国增

2012 年 4 月

第一版序言

　　这是一本独具特色的科普书。它将畜牧学的许多原理寓于鸡种选育的实践过程之中；把中医学的基本概念融进诸多实用的处方里。对每一个能翻阅到本书的人都将会有所裨益。

　　"中华宫廷黄鸡"这个专用名词是近十几年来才出现的。它是在许多养禽工作者对京郊地方品种——北京油鸡的长期选育过程中所形成的新种群之一，经溥杰老先生鉴定、品尝，并亲笔题词才确定了这一名称。

　　在京郊，北京油鸡已有近300年的历史。该鸡品种形成，与明、清宫廷对优质禽产品的需求有密切关系。但一直处在群体选择阶段，种群质量不高。近50年来，北京的许多养禽工作者都曾深入产区、总结调查、选种引种，并在各单位分别保种。早在20世纪50年代，北京农业大学就曾引用油鸡的血缘杂交培育了"农大黄"鸡；70年代以来，中国农业科学院与北京市农林科学院都在对该种引种和提纯复壮中做了许多工作，并共同参加了农业部组织的我国优质黄羽肉鸡和科研攻关课题，取得很大成绩。为了进一步开发这些科研成果，北京市还在顺义县新建种鸡场对该鸡种扩繁推广，在养禽界产生过很好的影响。

　　在我国改革开放大好形势的鼓舞下，社会主义市场经济得到飞速发展，国营养鸡场的经营机制受到挑战，经营方式必须改变。在这种情况下，该书作者张国增先生身先士卒，在北京市畜牧局的支持下，创立了"中华宫廷黄鸡育种中心"。近20年来，在资金、场地、人才都非常困难的条件下，坚持选育，不断提纯，组建品系并努力开拓市场，付出了艰辛的劳动，终于取得了丰硕的成果。这本书，是作者呕心沥血过程的一个小结，也是我们这一代养禽工作者共同努力的结晶。

摆在我们面前的宫廷黄鸡，不再是以前那种不完全一致的"凤头毛腿胡子嘴"的油鸡了。该鸡羽毛的分布与生长、体态的变化、头部的形状，均已具备典型特征，富有明显的遗传性状。在饲养中辅以纯植物性的添加剂，将会使其肉的品质与风味达到更高档次。在烹饪过程中再配伍不同的中草药，就能成为在人们膳食中起滋补、调理和食疗作用的各种佳肴。"中华宫廷黄鸡"是全社会的巨大财富，也是待开发的宝贵资源。它将必然会放射出璀璨的光彩！

该书作者张国增先生，数十年如一日，艰苦奋斗，历尽艰辛，矢志不移，从养羊转为养鸡，一直坚持，取得这样的好成绩，很值得庆幸。也由于此因，书中的不足与错误也在所难免，敬请广大读者批评指正。

追忆数十载，感慨颇多，以此为序。

金光钧

农业部　国家家禽育种中心　总畜牧师

1991年1月于北京

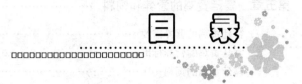

目 录

第一章

中国独有的宫廷黄鸡

一、中华宫廷黄鸡的由来

中华宫廷黄鸡是何国之鸡种，是古老品种是现代品种，是药用还是蛋用、肉用，20世纪80年代前鲜为人知。

据调查，该品种于明朝就开始入宫廷上御膳；清朝成为贡品。

据溥杰先生介绍，该鸡是我国品种，幼龄时腿上就长毛，头顶长小鼓包，走起路来一扭一扭的，现已不多见。该鸡是御膳传之。当年慈禧只吃宫廷黄鸡鸡肉和鸡蛋。因为宫廷黄鸡健身养颜、味鲜无比。溥杰先生认为该鸡应称"中华宫廷黄鸡"，并为此题词。"中华宫廷黄鸡"由此而盛名，传于国内及日本、韩国等国。

二、中华宫廷黄鸡举世无双

孙建三先生是美食专栏作家，他得知中华宫廷黄鸡优良特性之后，专门做了专题采访报道，并于1994年2月4日在《经济参考报》上发表了《果有凤凰在人间》一文，初次披露了中华宫廷黄鸡。这篇文章引起了读者反响，并受到了我国著名老科学家钱学森重视，他特向当时的国务委员宋健建议"利用市场机制发展珍稀物种。"

中华宫廷黄鸡是我国的珍稀鸡种，它具有独特的外貌、很高的营养价值和滋补作用。

1. 独特的外貌 我国土种鸡种北方有凤头鸡，广东有胡须鸡，北京有三毛鸡（北京油鸡），但在同一只鸡身上具有凤头、胡须、胫长毛的鸡，并且趾长主副翼羽的鸡只有宫廷黄鸡。这种鸡在家禽品种志和该书出版之前都无记载。

日本柿泽亮三1994年出版的《欧洲家禽图鉴》中有英国的苏尔坦白羽、白肤、三毛、六翅，称鹰膝鸡。其与宫廷黄鸡外貌相似，但它的体型是流线型，而宫廷黄鸡是黄肤色，深厚型。

这种鸡到底是不是北京油鸡，经日本全国鸡保存协会会长铃长喜一和中国6位高级专家鉴定都认为是不同品种。因此，日本全国鸡保存协会在成立60周年特刊的《日本鸡》第39期向世界各国介绍了中华宫廷黄鸡这一珍稀物种。

趾长翅羽的鸡，按家禽分类，属亚洲型。我们推断中国古代有这种外貌的鸡是有可能的，在民间土鸡中存在这种遗传基因也是正常现象，近代北京油鸡中留有这种遗传基因，则不足为奇，宫廷黄鸡由北京油鸡中返祖分离是必然的。否则，由零世代3只到六世代能每世代繁殖1 000多只，仅表型性状是不可能固定的。

2. 世界的珍味 宫廷黄鸡营养化学成分见表1。关于味道问题，和其他鸡相比无腥味这一点很特殊。很多饭店制作宫廷黄鸡时，只加入盐，用白水煮，或用盐水浸泡后烧烤都无任何腥味。这一特点使香港厨师和特级厨师都感到奇怪。凡品尝过该鸡的人，对该鸡鲜美无比的汤更是欣赏，都说中华宫廷黄鸡具有世界珍味之美称，不愧为中华一绝。1988年，原北京市宫廷黄鸡开发公司出口给日本宫廷黄鸡冻鸡，其被评为中秋十佳食品之一。日本《读卖新闻》、《朝日新闻》刊登文章赞誉宫廷黄鸡为"世界的珍味"，中国"珍藏的美味"。

3. 美味佳肴健人身体　鸡能治病，汉末《神农本草》已有记载，唐《本草食疗》即有雌黄治病的记载。明《本草纲目》记载该雌黄鸡"补益五脏、添髓补精，壮丈夫之阳气"；列治小便数而不尽，产后虚羸等 9 种病的君、臣药方。

宫廷黄鸡并非是将濒临灭绝，因数量少很珍稀，而是因它迷人的外貌，鲜美的味道，更重要的是对人体的特殊补益治病功效，才会被称为珍稀品种。

4. 世界仅有的鸡种　丝毛乌骨鸡先为中国独有的品种，后流入欧洲。而中华宫廷黄鸡的三黄、三毛、六翅的独特外貌和含鲜味的谷氨酸、人体所需的必需氨基酸均高于国内现存其他鸡种。

宫廷黄鸡经我国专家和日本专家鉴定，也是世界独一无二的品种。日本全国鸡保存协会会长铃木喜一和柿泽亮三等承认其他国家没有这种"贵重的鸡"，是"天下第一的鸡"。该品种是我们中华民族培育的一颗灿烂的明珠，它将弘扬中华食文化，为现代人的身体健康作出贡献。

第二章

宫廷黄鸡的营养、滋补与治病

对一个鸡的品种价值的评价，过去主要是通过形、色、味和肉质进行。其实这并不全面，从广义上讲还应看它所含的营养成分，以及对人体的补益作用，这些才是对一个品种的全面衡量准则。为了让读者了解我国目前鲜为人知的药肉兼用品种中华宫廷黄鸡，现笔者将它的营养成分和古今黄鸡的药膳及简单菜肴作一介绍。

一、宫廷黄鸡营养成分

为搞清药肉兼用的中华宫廷黄鸡由明至清为什么只为宫廷达官贵人享用，1995 年，北京宫廷黄鸡育种中心便与山东省中医药研究所王琦研究员、中国农业科学院畜牧研究所黄梅南研究员，对中华宫廷黄鸡进行了物理的、化学的分析，现分别介绍如下：

1. 宫廷黄鸡的物理特性　1993 年，黄梅南研究员用 7 只中华宫廷黄鸡和同数量的 AA 鸡测试。肌纤维，中华宫廷黄鸡（以下简称宫廷黄鸡），每平方厘米 1 116 根，AA 鸡 752 根，相比较宫廷黄鸡比 AA 鸡细 67……肌肉横截面积平均值，宫廷黄鸡 896.06 μm^2，AA 鸡 1 239.79 μm^2，宫廷黄鸡比 AA 鸡低 138.4 个百分点。由以上 3 个指标看，宫廷黄鸡吃起来肉嫩滑脆，原因就在其中。

2. 宫廷黄鸡的常规营养成分　1998 年 9 月 10 日，经中国预防医学科学院营养与食品研究所化验，鸡肉内含水分 66.8%，含蛋白质 22.8%，脂肪 2%，灰分 1.02%。1995 年 7 月 10 日，经山东省分析测试中心化验，100 g 鸡肉含维生素 A47.2 mg，维生素 E0.75 mg，含维生素 D_3 ＜10 mg。100 g 鸡肝中含维生素 A5 215.3 mg，含维生素 E1.25 mg，维生素 A、维生素 E 和维生素 D_3 对于人体均是不可缺少的。

蛋白质的品质优劣主要是看人体所需的必需氨基酸含量。1998 年，中国预防科学院营养与食品研究所对中华宫廷黄鸡鸡肉进行了氨基酸的分析，1995 年，山东科学院生物研究所对鸡皮、肝、脑、血进行了氨基酸的分析。分析结果见表 2-1。由表 2-1 可知，谷氨酸含量最高，其次是天门冬氨酸，再次是赖氨酸。这些是与乌骨鸡和其他三黄鸡不同的。

蛋白质是构成组织器官的主要成分。蛋白质食入后必须在肠道内经过酶作用分解成各种氨基酸，才能被人体吸收。而有 20 多种氨基酸不能被人体合成，或合成速度很慢，满足不了机体需要，必须由食物供给的，称为必需氨基酸。人体必需氨基酸在中华宫廷黄鸡肉含量很高，均高于乌骨鸡和三黄鸡（表 2-2）。人体需要量最高的是苯丙氨酸加酪氨酸，每人每天需 60 mg。由表 2-2 可见宫廷黄鸡 11 种必需氨基酸均高于其他鸡，而且最缺乏的氨基酸也高于其他鸡。古代《本草纲目》将它列为一味中药，原因就在于此。

表 2-1　每 100 g 宫廷黄鸡鸡肉氨基酸成分

种类	鸡肉	鸡皮	鸡肝	鸡脑	鸡血
牛黄酸	—	45.98	195.28	69.34	114.66
羟脯氨酸	未测	—	17.38	1 177.27	12.22
天门冬氨酸	2 230.0	789.97	1 397.38	893.46	970.34
苏氨酸	1 060.0	366.77	711.87	396.96	554.13
丝氨酸	910.0	391.51	686.02	542.23	455.21
谷氨酸	3 580.0	1 334.57	1 996.60	1 591.77	1 318.90

（续）

种类	鸡肉	鸡皮	鸡肝	鸡脑	鸡血
脯氨酸	860.0	409.76	552.60	1 082.52	399.63
甘氨酸	1 120.0	342.97	747.15	2 364.81	433.67
丙氨酸	1 390.0	400.96	893.80	953.37	849.01
胱氨酸	310.0	93.96	86.15	124.55	127.01
缬氨酸	1 080.0	364.65	684.93	409.16	519.47
蛋氨酸	620.0	51.54	147.80	89.89	117.33
异亮氨酸	1 010.0	322.79	591.40	315.58	358.90
亮氨酸	1 890.0	624.24	1 315.95	598.30	1 162.55
酪氨酸	780.0	290.85	543.46	259.80	370.70
苯丙氨酸	910.0	332.73	665.59	334.44	633.02
乌氨酸	未测	0.73	9.36	45.52	0.34
赖氨酸	2 060.0	456.58	899.15	541.62	776.86
组氨酸	870.0	130.11	323.43	139.05	513.93
色氨酸	330.0	未测	2.42	1.45	0.82
精氨酸	1 550	494.99	1 012.01	1 029.52	625.40
氨	未测	未测	未测	未测	未测

注：色氨酸 5 个样品水解部分未测，现在数字均为游离部分。

表 2-2　宫廷黄鸡、乌骨鸡、三黄（土种）鸡鸡肉中必需氨基酸含量比较

营养成分	成年人日需要量（mg/kg）	宫廷黄鸡（每 100 g，mg）	乌骨鸡（每 100 g，mg）	三黄鸡（每 100 g，mg）
脂肪	—	2.0	6.7	4.5
蛋白质	16~19	22.8	22.3	21.6
亮氨酸	40	1 980	1 643	1 416
异亮氨酸	70	1 010	798	841
赖氨酸	55	2 060	1 794	1 474
苯丙氨酸+酪氨酸	60	1 690	1 354	1 360

（续）

营养成分	成年人日需要量（mg/kg）	宫廷黄鸡（每100 g, mg）	乌骨鸡（每100 g, mg）	三黄鸡（每100 g, mg）
蛋氨酸＋胱氨酸	35	930	525	325
苏氨酸	40	1 060	716	774
色氨酸	10	330	280	234
缬氨酸	50	1 080	724	875
组氨酸	8～12	870	583	546
精氨酸	—	1 550	1 516	1 151
丙氨酸	—	1 390	1 795	1 044
天门冬氨酸	—	2 230	1 845	1 612
谷氨酸	—	3 580	3 061	2 667
甘氨酸	—	1 120	926	895
脯氨酸	—	860	1 543	796
丝氨酸	—	910	1 064	691

注：该表人体所需氨基酸引自人民卫生出版社 1997 年出版的《营养与食品卫生学》第三版。中华宫廷黄鸡肉营养成分值是北京宫廷黄鸡育种中心 1998 年在中国预防医学科学院营养与食品卫生研究所化验值。乌骨鸡、三黄（土种）鸡必需氨基酸含量引自人民卫生出版社 1997 年出版《食物成分表》。

3. 宫廷黄鸡无机盐和微量元素的含量　无机盐与微量元素是人体的重要组成部分，并且有重要的生理功能，如缺乏微量元素则可能引起各种疾病。在人体总灰分中占 60%～80% 的元素称常量元素，机体内含量较多的有钙、磷、镁、钾、钠、硫、氯等。另有一些机体内含量小于体重 0.01% 的元素称微量元素，目前确认的人体必需的微量元素有铁、锌、铜、锰、镍、钴、钼等 14 种。

为了搞清中华宫廷黄鸡的药用价值，1995 年 8 月，北京宫廷黄鸡育种中心在山东师范大学理化化验中心，对该鸡进行了化验。宫廷黄鸡与乌骨鸡、三黄鸡的 9 种微量元素比较（表 2 - 3），其中8种比其他两种鸡高，仅钾含量低于其他两种鸡。宫廷黄鸡的钠含量比其他两种鸡高3～4倍。

表2-3　人体需要无机盐、微量元素与中华宫廷黄鸡、乌骨鸡、三黄鸡肉内含量比较

营养成分	人体每日需要量	宫廷黄鸡 （每100 g，mg）	乌骨鸡 （每100 g，mg）	三黄鸡 （每100 g，mg）
钙	成人800 mg 少年1 000 mg	82.6	17.0	9.0
镁	男人5～9 mg 女人14～28 mg	59.6	51.0	40.0
钾	—	94.4	323.0	376.0
钠	—	240.0	64.0	74.1
磷	—	212.8	210.0	141
铁	成男5～9 mg 成女14～28 mg	8.4	2.3	2.1
锌	6～15 mg	3.05	1.6	1.06
铜	成人30 mg 少儿80～100 mg	1.42	0.26	0.1
锰	成人5～10 mg	0.14	0.05	0.05
铬	成人2～2.5 mg	0.1		
钴	每千克体重2 mg	0.06		
镍	成人0.25～0.5 mg	—		
硒	—	—	7.73	12.75

注：该表人体所需无机盐和微量元素引自人民卫生出版社1997年出版《营养与食品卫生学》第三版。中华宫廷黄鸡肉无机盐和微量元素值是北京宫廷黄鸡育种中心1995年8月在山东师范大学理化化验中心化验值。乌骨鸡、三黄（土种）鸡无机盐和微量元素值引自人民卫生出版社1997年出版《食物成分表》。

4. 宫廷黄鸡的风味化合物　国家肉类食品综合研究所、北京市微量化学研究所及营养学家，为探索宫廷黄鸡等优质三黄鸡

风味特性，将宫廷黄鸡与 AA 鸡进行了比较测试。从分析结果看，宫廷黄鸡中有棕榈醛、十八醛和 4-乙基 1-辛炔-3 醇，含量分别为：46.2%、8.83%、39.15%，AA 肉鸡分别为 26.85%、1.99%、0.19%，宫廷黄鸡分别比 AA 鸡高 19.35%、6.84%、38.96%。而十五烷、棕榈酸乙酯、肉豆蔻醛、月桂酸等是 AA 鸡中所不含的。而 AA 鸡中有 17 种物质是宫廷鸡中不含的。

经分析，鸡体内腥臭味的主要成分是邻苯二甲酸二丁酯与三甲基乙二胺。而 AA 等白羽快速生长鸡分别为 1.42%、55%，宫廷黄鸡分别为 0.55%、25%，约为 AA 鸡的 1/3 和 1/2。

5. 宫廷黄鸡蛋的营养成分　对于中华宫廷黄鸡的鸡蛋我们仅出资在中国预防医学科学院营养与食品研究所作了部分营养化验，详见表 2-4。

表 2-4　宫廷黄鸡鸡蛋与其他鸡鸡蛋的营养价值比较表

项目＼鸡种	宫廷黄鸡	肉鸡及家养鸡	黄毛（三黄）鸡
蛋白质（每 100 g，g）	12.1	12.7	12.8
脂肪（每 100 g，g）	10.7	9.0	11.1
维生素 A（每 100 g，μg）	170.0	310.0	194.0
维生素 E（每 100 g，mg）	2.31	1.23	2.29
胆固醇（每 100 g，g）	655.2	585	585

注：该表由营养学会秘书长王光亚制。

关于鸡蛋的营养价值，王光亚比较论述为：宫廷黄鸡的肉质比肉鸡味鲜美且无肉鸡所具有的腥味，其肉质较家养鸡或土鸡嫩。清水煮鸡除加盐外不加任何配料，其肉及汤均味鲜美似雉鸡（山鸡、野鸡）。活宰的宫廷黄鸡或冷冻的鸡肉均同样具有鲜美口味。经专家品尝，一致认为该种培育的宫廷黄鸡肉质味美且具较高的优质蛋白质含量。从饮食文化的观点出发，有推广及开发的价值。

二、宫廷黄鸡药膳（方剂22个）

中国将鸡列为中药有诸多的历史资料可查。由周朝师旷的《禽经》开始至东汉《神农本草经》对"丹凤鸡"都有详细记载。关于黄雌鸡从唐代《食疗本草》开始有载，此后的唐《日华诸家本草》，宋《太平圣惠方》，元《养老奉亲书》，明《永乐大典医药集》等各朝代都有记载。尤其是李时珍著名的《本草纲目》禽部第48卷中有黄雌鸡诸多较历代本草书更详细的总结性记载。

古代中医药书中的黄雌鸡是指哪个品种，《本草纲目》记载"黄者土色，雌者坤象，味甘归脾，气温益胃，故所治皆脾胃之病也。丹溪朱氏谓鸡属土者，当指此鸡而发，他鸡不得侔此"，同书还记载金黄脚者佳。由此可见土色和金黄脚是指三黄鸡，坤象是指凤羽冠鸡，而中华宫廷黄鸡则具备这两个特征。

药用鸡和肉食鸡是有区别的。古代鸡是吃纯自然的食物，没有任何化学污染，具有药用价值；而当今化学工业和机械化养鸡，为追求快速生长，饲料中一般均添加了抗生素，已失去了药用价值。北京宫廷黄鸡育种中心1996年计划出口日本的宫廷黄鸡，第一批用合资饲料厂饲料，结果鸡肉中含7 mg/kg抗生素残留，第二批用当地饲料厂饲料，化验鸡肉含5 mg/kg抗生素残留，影响了出口。后来育种中心研制了专用饲料和中药添加剂，生产出了不含任何抗生素残留的鸡肉，终于符合日本进口指标，这样的鸡才具有很高的药用价值，才符合古代鸡是药的特点。

关于黄鸡的药用价值，《本草纲目》记载"黄雌鸡肉［气味］甘、酸、咸、平、无毒。性温。患骨热人勿食。［主治］伤中消渴，小便数而不禁，肠澼泻痢、补益五脏，续绝伤，疗五劳，益气力。治劳劣，添髓补精，助阳气，暖小肠，止泄精，补水汽。补丈夫阳气，治冷气瘦着床者，渐渐食之，良。以光粉、诸石末和饭饲鸡，煮食甚补益。治产后虚羸，煮汁煎药服，佳。"除此之外，《本草纲目》记载着黄雌鸡肉治水癖、水肿、时行黄疾、消渴饮水、下痢禁口、脾虚滑痢、脾胃弱乏、产后虚羸、病后虚汗、老人噎食9个药方。

目前，国际上经济发达的国家人体健身美容很盛行，国内也开始兴起绿色、有机保健食品，其实这些在我国医学宝库中早有记载，药膳是几千年前我们中华民族祖先创造发明的。药膳是祖国中医药学的一个组成部分。它在防病治病，滋补强身及壮体，养颜，抗衰老延年益寿方面都具有独到之处。笔者自1991年保育宫廷黄鸡以来，查阅了很多古中药文献和现代食疗方剂，并用宫廷黄鸡反复进行实验，推出了一部分药膳供读者参考。以下各滋补方药、膳剂均指宫廷黄鸡。

1. 治产后虚羸、安胎

方一：黄雌鸡饭

【配方来源】《本草纲目》。

【功效】产后体虚弱。

【配方】黄雌鸡1只、生百合3枚、白粳米750 g。

【制法】将鸡屠宰后，去毛，用刀从背部破开，净膛，再将百合、粳米填入，放盐少许，缝合，放清水煮熟。

【食法】由腹打开，百合、米饭、肉食之，汁饮之。

方二：黄鸡䐹

【配方来源】《永乐大典医药信》。

【功效】安胎儿，治妊娠四肢虚肿，产后体虚。

【配方】黄雄（公）鸡1只、良姜50 g、桑白皮75 g。

【制法】将鸡、良姜、桑白皮与鸡同煮熟，熟后弃药，鸡去骨，加盐再煮，煮烂备食。

【食法】不分早晚、次数，随时可吃肉、饮汁。该鸡不影响吃其他中药。

方三：鸡子羹

【配方来源】《永乐大典医药集》。

【功效】治妊娠胎不安。

【配方】李时珍指出："黄雌者（鸡蛋）上之，乌雌者（鸡蛋）次之。"黄雌鸡蛋 1 枚、阿胶 35 g、盐 3 g、白酒 150 g、黄雌鸡 1 只（熬汤）。

【制法】用砂锅微火煎阿胶止燥（干），然后入鸡汤、鸡蛋和盐拌匀，放酒浸。

【食法】将酒药分 3 次饮。每天 1 次。一般 1.5 kg 毛重鸡用 3 天，见效后按该方再制作 2 只则能巩固。

2. 产后催乳 优生优育是国策，喂养母乳世界各国都在提倡，为此，我们提供宫廷黄鸡，由延庆县医院产科主任吴之春、护士长李淑英主持，曾作过催乳试验 14 例，效果见下面文字。

"中华宫廷黄鸡肉含蛋白质 22.3％，含人体必需的 11 种氨基酸超过乌骨鸡和普通鸡；中国俗有催乳吃老母鸡的习惯，我们按《本草纲目》禽部 48 卷记载'男雌、女雄'的要求，选用中华宫廷黄鸡公鸡催乳。由 2000 年 1 月至 4 月底，通过对 3 天后乳量仍不足的 14 名产妇进行催乳试验，结果，这 14 名产妇 24 小时内能满足婴儿食乳量，提高了母乳喂养成功率。同时，增强了产妇身体抵抗力，促进了身体健康。"

方一：清炖鸡公汤

【配方来源】笔者自研。

【功效】治产后母亲无乳或乳量很少。

【配方】中华宫廷黄鸡 5 月龄净膛白条公鸡一只，食盐少许。

【制法】将鸡一分为二，每次用一半，另一半保鲜或冷冻保存。鲜鸡放入重盐水中浸泡 10 分钟后控去血水入高压锅内，放入水于肉两倍，放盐口尝合适为宜。大火催锅全面喷气，然后改文火炖 10～15 min，尔后待凉或冷水降至无气可出。

【食饮法】一锅分早午晚三次食饮，早上空腹饮食，午晚饭前饮食。

该法已在延庆县医院产科成功运用。

3. 壮阳气

方一：黄雌鸡煮赤豆

【配方来源】《食疗本草》。

【功效】治阳痿，壮阳气，治手脚发凉。

【配方】黄雌鸡 1 只、赤（红）小豆 500 g。

【制法】将黄雌鸡屠宰、去毛、净膛、洗净，然后再将赤小豆洗净与鸡同下砂锅少许盐煮。水少时，随时可添加，煮至豆烂备食。

【食法】肉豆全食。汁分 4 次饮，每天早晚各 1 次。如一方不见效，再制。3 只鸡可见效。

方二：鸡肝壮阳丸

【配方来源】《本草纲目》。

【功效】补肾，治阴茎不起。

【配方】黄雄鸡肝 3 个、菟丝子 750 g、麻雀蛋 20 枚。

【制法】鸡肝捣烂，菟丝子为末，用麻雀蛋拌均匀再做成绿豆大小的丸粒。

【服法】每天用白酒饮下 100 丸。晚上服佳。

方三：壮阳膳

【配方来源】参考《中国药膳学》研制。

【功效】治疗肾虚腰痛，阳痿早泄。

【配方】黄雌鸡 1 只、糯米酒 500 g、盐 10 g。

【制法】将鸡屠宰后去毛及内脏，洗净，剁成核桃块大小，放入盆内，放入 3 段葱、3 片鲜姜、花椒 3 粒，后加糯米酒、盐，上锅蒸熟备用。

【食法】肉食，汁饮。

方四：清煮黄雌鸡

【配方来源】根据《本草纲目》研制。

【功效】补阳气，治冷气瘦着床者。

【配方】将宫廷黄雌鸡饲料日粮加补白垩粉和铁矿石粉各 5 g 喂鸡。喂饲半月，宰后去毛、内脏。

【制作】冷水放鸡，文火煮熟，备用。汁应多于肉，效果佳。

【食法】1 只鸡分 4 次食肉、饮汁。每天早上用。

4. 添髓补精，益五脏

方一：贵妃羹

【配方来源】清宫御膳方。

【功效】补气血，健身，健美，抗衰老。

【配方】黄雄胸肉 100 g、黄鸡蛋 2 枚、盐 5 g、姜末 3 g。

【制作】将肉剁成碎肉末，放入碗或盆中，再将鸡蛋打入肉中，加水 30 g，然后用纱布包姜末压出姜汁滴入，最后用筷子搅拌到起沫为止，上笼蒸熟，备食用。

【食法】老幼妇均可食。

【备注】此羹据查是故宫慈禧用膳。《中国食品报》提供。

方二：中华宫廷黄鸡精

【配方来源】该方根据《本草纲目》研制，已由深圳正式批量生产鸡精。

【功效】治气血两亏，提神，健美。

【配方】净膛鸡 1 只、蜂蜜 15 g、食盐 5 g。

【制作】

（1）将鸡头砸破，鸡胸腿切成核桃大小块，肝切片。

（2）原料净洗后放入砂锅中，放 3 倍原料重的矿泉水或蒸馏水，文火炖。待肉熟烂后，将肉、肝取出食用。汁用 5 层纱布过滤，加蜜和盐备用。

（3）该汁可放冰箱，或装瓶中灭菌贮存。

【食用】每天早上温热饮 250 g。

方三：补虚汤

【配方来源】《本草纲目》。

【功效】病愈后体弱，日夜汗水不止，口干舌燥，心烦，失眠。

【配方】黄雌鸡 1 只、麻黄根 31 g、肉苁蓉 31 g、牡蛎粉 63 g。

【制作】

（1）鸡净膛。肉苁蓉用白酒浸泡 12 h 后刮净。然后将净鸡、肉苁蓉、麻黄根、牡蛎粉同放砂锅或铝锅中加入净水。水面没过煮物。

（2）先旺火至沸，然后改文火至熟，鸡肉烂后与药一起取出，汁备用。

【食法】每天早晚各 1 服，每次 250 g，3 天服尽。

方四：田七蒸鸡

【配方来源】《中国药膳学》。

【功效】治疗久病体虚，补气益血。

【配方】三七 20 g、黄雌母鸡 1 500 g（未产蛋鸡佳）、绍酒 50 g、生姜 20 g、葱白 20 g、食盐 6 g。

【制作】

（1）将鸡去毛去爪净膛洗净，剁成核桃大块，分为 10 等份。

（2）三七一半打粉，另一半蒸软后切片，各样分 10 等份。

（3）葱姜切碎各分 10 等份。

（4）把以上原料各 1/10 分装一碗加净水，笼中蒸熟。

【食用】每天 3 次，每次 1 碗。

方五：清炖黄雌鸡

【配方来源】根据《本草纲目》研制。

【功效】补益五脏，添髓补精。

【配方】未产蛋黄雌鸡 1 只、熟春笋片 50 g、水发冬菇 20 g、火腿 50 g、料酒 25 g、精盐 10 g、葱段 15 g、姜片 10 g。

【制作】

（1）将鸡宰杀后，用清水洗净，用刀斩去鸡爪，在颈根部划一小口，取出气管、食管，再沿鸡骨处剖开，取出内脏，摘去鸡胆，挤去鸡心内淤血，剖开鸡胗，除去污物，撕去肫皮，用 5 g 精盐擦洗。随后将鸡、鸡胗、鸡肝、鸡心入清水洗净，一起放入沸水锅内烫约半分钟，捞出洗净，再将鸡油漂清。

（2）在砂锅内放一竹箅垫底，将鸡（鸡腹朝下）、鸡胗、鸡油及鸡肝、鸡心、鸡肾等一起放入，加清水淹没鸡身，再加入料酒、葱段、姜片，用一只圆盘压住鸡身，盖上砂锅盖。用中火烧沸，撇去浮沫，改用微火焖约 3 h，直到酥烂。揭去砂锅盖，取出圆盘、竹箅、葱段、姜片，捞出鸡胗、鸡肝、鸡心、鸡肾，并分别切片，然后将锅内的鸡翻身（腹朝上），加精盐 5 g，随后将笋片、冬菇片、火腿片、鸡胗片、鸡肝片、鸡心片相间铺在鸡身上，再盖上砂锅盖，用中火烧沸，骨离肉即成。

【食用】原汁原味，鸡肉酥烂离骨，汤汁清澈见底，味鲜浓醇。

5. 健胃、补脾

方一：生地黄鸡

【配方来源】《饮膳正要》。

【功效】脾虚，补益脾，增强胃功能。

【配方】生地黄 250 g、黄雌鸡 1 只、饴糖 150 g、桂圆肉 30 g、大枣 5 枚。

【制作】

（1）宰杀鸡净毛后，由背部剖开，掏去内脏，剁去爪、翅尖，洗净后放沸水中略焯片刻，捞出备用。

（2）将生地洗净切成 1 cm 左右的颗粒，再将桂圆肉撕碎与生地混匀，再掺入饴糖一起塞入鸡腹内，腹朝下放入水中；这时将去核大枣放鸡外，加没过鸡的米汤，封口笼蒸。

（3）蒸 2～3 h，熟烂后再加白糖调味。

【食法】汁鸡同食，量不限。

方二：健胃补脾黄雌鸡汤

【配方来源】《本草纲目》。

【功效】《本草纲目》黄雌鸡一节指出："黄者土色，雌者坤象，味甘归脾，气温益胃，故所治皆脾胃之病也。丹溪朱氏谓鸡属土者，当指此鸡而发，他鸡不得侔此。"《本草纲目》禽部 48 卷 12 处讲治病，男用雌鸡，女用雄鸡。

【配方】宫廷黄鸡 1 只（净膛后 1 000 g 最好）、红枣 5 枚、鲜姜 10 g、花椒 3 粒、葱白 10 g、红糖 20 g、食盐 5 g。

【制作】将鸡宰杀后去毛净膛，鸡胗和鸡内金留用。然后将鸡、鸡胗、鸡内金、姜、花椒、葱白、食盐、大枣同放砂锅，加 2 000～3 000 g 纯净水清炖。待鸡熟烂后，再加红糖，水沸即可。

【食用】以鸡汤为主，食肉为次。每天早上空腹食 500 g。

6. 保肝肾、明耳目

方一：软炸鸡肝

【配方来源】《中国药膳学》。

【功效】主治儿童因营养不良引起的视力减退、夜盲症。

【配方】山药 100 g、宫廷黄鸡肝 400 g、干淀粉 100 g、宫廷黄鸡或三黄鸡鸡蛋 4 枚、生姜 10 g、葱 15 g、食盐 6 g、绍酒 10 g、花椒粉 2 g、葱 15 g、胡椒粉 5 g、芝麻油 5 g。

【制作】

（1）山药切片烘干打成细粉备用。

（2）去胆肝，净洗后切成块，姜切末，葱切段，并切1/3葱花；鸡蛋打入碗，加淀粉；山药粉调糊备用。

（3）肝入碗再放姜、葱、绍酒、胡椒粉、盐，打入鸡蛋，并略加水拌成糊状。

（4）炒锅烧热，放入花生油，油刚有烟，就将肝逐渐下锅炸至色黄捞出。另锅炸蛋糊。

（5）最后将肝、蛋糊加葱、胡椒粉、盐、酒炒。

【食用】做下饭菜食。

方二：枸杞桃仁鸡丁

【配方来源】《中国药膳学》。

【功效】补肺益肾，补气益血，抗衰老。治目眩、贫血症。

【配方】核桃仁150 g、枸杞子90 g、百日龄鸡肉600 g、鸡蛋3枚、食盐20 g、白糖20 g、胡椒粉4 g、鸡汤150 g、芝麻油20 g、干淀粉15 g、绍酒20 g、猪油200 g、葱姜蒜各20 g。

【制作】

（1）桃仁温水泡后去皮，枸杞洗净。

（2）将鸡肉切成1 cm³ 见方肉丁，用盐、糖、胡椒、鸡汤、油、湿淀粉兑成芡汁备用。

（3）将去皮桃仁用温油炸透，放入枸杞，即出锅沥油。

（4）热锅注入猪油，待五成热；投入鸡丁快速滑透，沥油，锅再置火上，放50 g热油，下入姜、葱、蒜，稍煸后投入鸡丁，再倒入芡汁速炒；随后投入核桃仁、枸杞炒匀。

【食法】与菜一样食用。

7. 治疗分类疾病

方一：降血压，扩冠脉

【配方来源】《中国药膳学》中，九月方。

【配方】农历九月产鲜菊花朵100 g、瘦猪肉600 g、鸡蛋

3枚、熟鸡汤150 g、食盐3 g、白砂糖3 g、绍酒20 g、胡椒粉2 g、麻油3 g、姜20 g、葱20 g、湿淀粉50 g。

【制作】

(1) 将猪瘦肉去皮、筋后切成薄片，菊花瓣用清水轻轻洗净，用凉水漂上，姜、葱洗净后切成指甲片，鸡蛋去黄留清。

(2) 肉片用蛋清、食盐、绍酒、味精、胡椒粉、淀粉调匀浆好。用食盐、白砂糖、鸡汤、胡椒粉、味精、湿淀粉、芝麻油（少许）兑成汁。

(3) 炒锅置武火上烧热，放入猪油1 000 g，待油五成热时，投入肉片，滑散后倒入漏勺沥油，锅接着上火，放进50 g热油，待油温五成热时，下入姜、葱稍煸，即倒入肉片，烹入绍酒炝锅，把兑好的汁搅匀倒入锅内，先翻炒几下，菊花瓣接着倒入锅内，翻炒均匀即可。

【食用】与菜一样食用。

方二：治疗高血压、血管硬化

【配方来源】根据《中国药膳学》银耳羹方研制。

【配方】干银耳50 g、冰糖600 g、黄鸡产蛋1枚。此方为一次性，即一剂方。

【制作】

(1) 干银耳放温水泡开。除去蒂头及其他杂质，捞出后倒入锅中加水7 500 mL，武火烧沸后用文火熬3 h，至汁稠止。

(2) 冰糖加水适量，加热溶化为汁。后打破蛋弃黄留清，加少许水搅拌均匀，冲入锅中搅拌，过滤后再冲入银耳锅中备用。

【食用】每天3餐，先饮汁1碗，再吃饭。置瓷容器中。用完再制作。

方三：治心悸、失眠、健忘、脑力衰退

【配方来源】根据《中国药膳学》龙眼纸包鸡研制。

【配方】龙眼肉 20 g、胡桃仁 100 g、嫩黄雌鸡肉 400 g、黄鸡鸡蛋 2 枚、胡荽 100 g、白糖、6 g、淀粉 25 g、芝麻油 5 g、花生油 1 000 g、生姜 5 g、葱 20 g、玻璃纸数张。此为 10 份料。

【制作】

（1）胡桃仁沸水泡后去皮，再下油锅炸熟，切成细粒；龙眼肉切成细粒。

（2）鸡肉去皮洗净，片成 1 mm 薄片，用盐、糖腌渍，再用淀粉加清水与蛋清（去蛋黄）调成糊；姜、葱切细末。

（3）玻璃纸放开，先将蛋清糊摊上，再将鸡肉片放上，后将姜、胡荽、葱加入，最后加胡桃仁和龙眼肉，全部用纸包成长方包。以上所有料都按 1/10 分加。

（4）锅中入花生油，烧至六成热时，将包好原料下锅炸熟，备食。

【食用】与菜一样食用。

方四：治小便数而不尽（前列腺炎）

【配方来源】根据《本草纲目》黄雌鸡肉一节反复实践而成。

【配方】宫廷黄老雌鸡 1 只、花椒 5 粒、葱白 5 g、藕段 250 g、食盐 6 g。

【制作】

（1）鸡去毛、内脏，剁成核桃大块，藕切片。

（2）纯净水约 1 500 g 入砂锅，冷水入鸡肉、花椒、藕片、葱白，文火待肉熟烂后加盐。

【食法】以饮汤为主，吃肉、藕为辅。数量不限。

方五：消渴饮水，小便频多（糖尿病）

【配方来源】根据《本草纲目》黄雌鸡中记载"消渴饮水，小便数。以黄雌鸡煮汁冷饮，并作羹食肉。"中华宫廷黄鸡品种优异，饲料配方特殊，鸡肉无腥味，无抗生素残留，该鸡配制此方最佳。

【配方】120～140 日龄黄雌鸡 1 只、精盐 6 g。

【制作】

（1）蒸馏水、矿泉水直接使用。普通水先煮沸，冷后待用。

（2）将鸡宰杀后剥去皮，去胆留肝脏，去脂和所有内脏。

（3）砂锅中放冷水，放入鸡、鸡肝，水多于鸡 2 倍，先煮沸，除掉沫，改文火炖至肉自然离骨，放盐再沸后鸡捞出留用。

【食法】凉汁每天早晚各 1 碗。肉可随意食用。

8. 《本草纲目》关于鸡脏器等部位功效摘录

鸡头：白雄者良……盖鸡乃阳精，雄者阳之体，头者阳之会，东门者阳之方，以纯阳胜纯阴之义也。

鸡冠血：三年雄鸡者良。别录：治目泪不止，日点三次，良。孟诜：亦点暴赤目。时珍：丹鸡者，治白癜风。

鸡血：乌鸡、白鸡者良……白癜风、疬疡风，用雄翅下血涂之……惊风不醒，白乌骨雄鸡血，涂唇上即醒。筋骨折伤，急取雄鸡 1 只刺血，量患人酒量，或一碗，或半碗合饮，痛立止，神验。杂物眯目不出。以鸡肝血滴少许，即出。

脂：乌雄鸡者良。主治耳聋……年久耳聋，用炼成鸡脂五两（约 155 g）、桂心十八铢，野葛六铢，同以文火煮三沸，去滓。每用枣许，以苇筒炙熔，倾入耳中。如此 10 日，耵聍自出，长寸许也。

脑：白雄鸡者良。烧灰酒服，治难产。

心：乌雄鸡者良。主治，五邪。

肝：雄鸡者良。主治，起阴。明珍曰：微毒。内则云食鸡去肝，为人不利也。别录：补肾。治心腹痛，安漏胎下血，以一具切、和酒五合服之……治女人阴蚀疮，切片纳入，引虫出尽，良。

胆：乌雄鸡者良。主治，目不明，肌疮……孟诜：灯芯蘸点胎赤眼，甚良。水化搽痔疮，亦效……眼热流泪，五倍子、蔓荆子煎汤洗，后用雄鸡胆点之。摘玄方：尘沙眯目，鸡胆汁点之。

肫里皮黄：肫里皮黄（鸡内金）……男用雌，女用雄……反胃吐食，鸡肫一具，烧存性，酒调服……禁口痢疾，鸡内金焙研，乳之服之……一切口疮，鸡内金烧灰敷之，立效……疮口不合，鸡肫黄，日贴之。

肠：男用雌，女用雄。主治：遗溺，小便数不禁。烧存性，每服三指，酒下。

鸡子（鸡蛋）：鸡子（即鸡卵也）黄雌者为上，乌雌者次之……醋煮食之，治赤白久痢及产后虚痢……和醋煎止小儿痢。藏器：大人及小儿发热，以白蜜一合和三颗搅服，立瘥……妇人白带，用酒及艾叶煮鸡卵，日日食之。

卵白（蛋清）：……和赤小豆末，涂一切热毒、丹肿、腮痛神效。冬月以新生者酒渍之，密封七日取出，每日涂面，令人悦色。

卵黄（蛋黄）：醋煮，治产后虚及痢，小儿发热。煎食，除烦热。炼过，治呕逆……明珍曰：鸡子黄气味俱厚，阴中之阴，故能补形。昔人谓其与阿胶同功，正此间也……

9. 《本草纲目》载诸鸡肉食忌摘录

鸡有五色者，玄鸡白首者，六指者，四距者，鸡死足不伸者，并不可食，害人。明珍曰延寿书云：阉（去势）能啼者有毒。四月勿食抱鸡肉，令人作痛成漏，男女虚乏……鸡肉不可合葫蒜、芥、李食，不可合犬肝、犬肾食，并令人泻痢。同兔食成痢，同鱼汁食成心瘕，同鲤鱼食成痈疖，同獭肉食成遁尸，同生葱食成虫痔，同糯米食生蛔虫。

第三章

宫廷黄鸡的生理与解剖

不同品种的鸡经过风土驯化的自然选择和人工培育的人工选择仍具有禽的共同特性，但也具有它的突出个性，即品种特点。只有掌握了共性和个性才能在饲养管理中充分发挥它的生产性能，更好地为人类服务。

一、宫廷黄鸡的祖先与分类

1. 祖先　中华宫廷黄鸡的祖先是何品种，目前未经过过多的考证。仅是作者 1991 年在北京 64 只杂种油鸡中，发现有 2 公 1 母，除外貌具有"三黄"、"三毛"外，趾生主副翼羽，蹠生主副翼羽，然后和北京油鸡杂种进行杂交表型选择而成。

但是，宫廷黄鸡是否就是北京油鸡？日本 1994 年出版的《欧洲家禽图鉴》和我国出版的《中国家禽品种志》所有鸡的图谱与中华宫廷黄鸡进行比较。发现有 4 种鸡和宫廷黄鸡有相似之处，但无一全部相同的。第一种是英国产 Sultan 鸡。它长有"三毛、六翅"，但体型为流线型，是白羽、白肤，趾羽比宫廷黄鸡短。第二种是 1845 年英国由中国上海输入的 Cochin 品种，胫、趾有羽毛，但是重型品种，黄羽鸡，无羽冠和须。第三种是国内北京油鸡，它具备"三毛"、"三黄"，不具备"六翅"。但宫廷黄鸡是 4 趾，北京油鸡是 5 趾。第四种是乌骨鸡，和宫廷黄鸡外貌"三毛"、"六翅"相似，但是黑肤、丝羽。将以上品种与宫廷黄鸡比较，可见它不是北京油鸡，而是独立的品种，遗传基因存在于北京油鸡，1991 年发现的 3 只"三黄、三毛、六翅"鸡是偶然遗传返祖重现，终得以保存和繁殖。

为了鉴别宫廷黄鸡是否是独立品种，1995 年育种三世代时曾请中国农业大学一位教授、中国农业科学院畜牧研究所两位研究员、中国牧工商总公司和北京市畜牧局三位高级畜牧师进行鉴定，结论是："目前选育出的宫廷黄鸡在外貌特征与生产性能上均有明显提高，已成为一个新的变种，是发掘、提高选育出的一个珍贵品种，具有深远的经济效益。"

2. 分类　宫廷黄鸡尽管在外貌、肉质上与其他品种鸡有很大区别，但从生物学看仍和普通鸡一样失去了飞翔能力。在动物学上是鸟纲，鸡形目，鸡亚目，雉科，雉亚科、雉族，鸡属，家鸡。属亚洲型。

二、宫廷黄鸡形态学特点

1. 外貌特点　普通鸡的外貌部位名称见图 3 - 1。宫廷黄鸡和普通鸡不同部位名称见图 3 - 2。

2. 宫廷黄鸡的外貌

（1）头部　冠：冠指肉冠。冠为皮肤衍生物。宫廷黄鸡为单冠，多数长 7 齿，个别 8 齿。宫廷黄鸡不同于其他鸡的是，公母鸡均长片羽凤冠，普通母鸡比公鸡羽冠宽而高，完羽冠常将眼睛遮住，影响视线。

喙：喙是鸡摄取食物的部位。宫廷黄鸡的喙为黄色、金黄色，个别根部有轻微黑色。喙坚实，不但能啄饲料，而且能啄贝壳和沙、石粒。

脸：宫廷黄鸡脸多长小黄羽毛，而底部为红色。

眼：宫廷黄鸡眼睛晶体为黑色，四周黄色。健康鸡反应灵敏，病鸡反应迟钝。

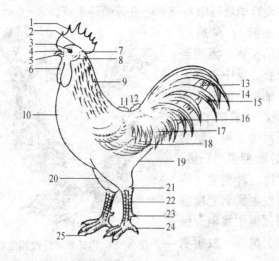

图 3-1　鸡体外貌部位名称

1. 冠　2. 头顶　3. 眼　4. 鼻孔　5. 喙　6. 肉髯　7. 耳孔　8. 耳叶

9. 颈和颈羽　10. 胸　11. 背　12. 腰　13. 主尾羽　14. 大翘羽

15. 小翘羽　16. 覆尾羽　17. 鞍羽　18. 翼羽　19. 腹　20. 胫

21. 飞节　22. 蹠　23. 距　24. 趾　25. 爪

耳叶：宫廷黄鸡耳叶为白色，位于耳孔下侧，呈椭圆形，有小皱褶。

肉垂：宫廷黄鸡公母均无肉垂，有的鸡下缘有发红的肉垂根痕。

须：宫廷黄鸡颔下均长有片羽须。呈现椭圆状，母鸡如菊花状。

（2）颈部　宫廷黄鸡颈部与普通鸡一样上细下粗，上接头部下接胸部，抬头低头灵活，左右扭转方便，呈圆桶状，全部覆盖羽毛。公鸡长有上宽头尖的梳羽，母鸡长有不同宽头半圆的片羽。

（3）体躯　胸：宫廷黄鸡属药肉兼用型鸡。该品种尤其是公鸡，胸宽，胸肌发达，覆盖着浓密的片羽，看上去宽厚雄壮。胸腔内部主要容纳着呼吸系统和心脏等循环系统。

翼（翅膀）：禽胸后左右对称均长翼，翼相当于动物前肢。翼中央有一根短羽称轴羽。轴羽外侧为主翼羽，一般鸡长 10 根，宫廷黄鸡 8 根。轴羽内侧为副翼羽共 11 根。老百姓称这三种羽毛为鸡翎管。每根主翼羽上覆盖一根短羽称覆主翼羽。每根副翼羽上覆盖一根短羽称覆副翼羽。

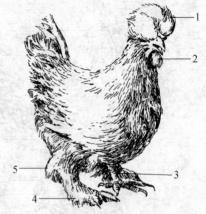

图 3-2 宫廷黄鸡特殊部位名称
1. 羽凤冠 2. 羽胡须 3. 胫羽
4. 趾翼羽 5. 蹠翼羽

鞍部：鸡颈尾部抬起，中间凹陷部位称鞍部。公母鸡都覆盖尖形羽毛，如同蓑衣状，所以称蓑羽。宫廷黄鸡公鸡有个别蓑羽短粗。

尾部：宫廷黄鸡和其他鸡一样，由背尾中央向两侧对称生长羽毛，由下向上生长 7 对称镰羽，大的称大镰羽，小的称小镰羽。但公鸡有的镰羽不翘而下垂。

腹部：宫廷黄鸡和普通鸡一样腹部大，特别是开产母鸡，因内部容纳着消化、生殖系统，并贮有能量的腹脂。胸骨下端至股耻骨之间距离越大越证明鸡高产。

（4）后肢（腿）《家禽学》将翼和后肢并属为四肢，由于宫廷黄鸡 A 系、B 系后肢和普通鸡区别很大，所以单独作为一个部位叙述。

宫廷黄鸡部蹠长有 20 多根主覆翼羽向下方伸展，长 12~15 cm，俗称为两翼。普通鸡胫长鳞片，宫廷黄鸡除长金黄色鳞片外还生有片羽和绒羽。普通鸡趾长鳞片，而宫廷黄鸡除长金黄鳞片外，

二、三趾，甚至有的由第一趾就生长有主、副羽，副羽22～24根，长达15～17 cm。俗称爪翼（翅膀）。

（5）羽毛　鸡全身覆盖羽毛，羽毛是皮肤的衍生物，是防侵、防病的屏障，防冻、防强日照的保护伞，同时也是制造维生素D的氧化源。宫廷黄鸡除喙外其他部位都覆盖羽毛，因此宫廷黄鸡既有药用价值又有观赏价值，其区别于其他鸡的主要羽毛形状见图3-3。

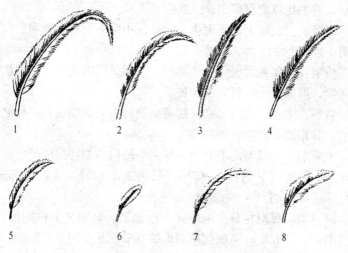

图3-3　宫廷黄鸡主要羽毛名称
1. 大镰羽　2. 小镰羽　3. 主翼羽　4. 副翼羽
5. 蓑羽　6. 绒羽　7. 梳羽　8. 片羽

羽毛的组成：鸡体羽毛除幼雏出生的绒羽和青年鸡、成鸡针羽外，其他羽毛均由羽轴（俗称羽管）、羽杆和丝羽组织。羽管为圆形，管内有血管分布，通过血液为长两侧对称的丝输送营养，当丝羽形成，管羽中间便成为硬化的羽管杆，中间便再无血管。各种翅羽、尾羽、梳羽、蓑羽、片羽、绒羽都是这样形成的。

宫廷黄鸡由幼雏生长发育到青年鸡，最早更换的是翅羽、尾羽，蹠（胫）部和趾部生长的翼羽更为明显。8～12周龄这"六翅"最明显。之所以称"六翅"，是因其在发育时同步生长。

鸡生长的梳羽、蓑羽、镰羽都是第二性状，发育到一定阶段才生成，性成熟后最后长成。公母鸡羽鉴别多在15周龄后才明显。

大镰羽：大镰羽是尾部生长如半圆形高翘的一对羽。公鸡成年后大镰羽比母鸡更突出。

小镰羽：大镰羽的下面生长对称的小弯形羽称小镰羽。宫廷黄鸡小镰羽8～10对，其他7对。

梳羽：成年或将成年性成熟鸡，颈部呈圆周生长，因羽根宽羽尾尖，形如梳齿，所以称为梳羽。

蓑羽：生长在鸡鞍部和鞍后尾两侧的羽毛形如蓑衣，称之为蓑羽。其用途如梳羽。

主翼羽：主翼羽由羽管或羽杆由中轴向两侧排列成丝羽。两侧丝羽一侧宽（下侧），一侧窄。长短基本相等，被遮盖部分，羽色深或有黑羽。

副翼羽：翼羽在分主副中间一根轴羽，轴羽之上称副翼羽。副翼羽的羽管或羽杆两侧的丝羽均等宽窄，其他同主翼羽。

覆主、副翼羽：覆主翼羽和覆副翼羽分别覆盖在主翼羽和副翼羽上。全根毛同一色。

片羽：鸡除以上8种羽毛外，覆盖、遍布全身的主要是片羽。片羽以中间羽管、羽杆为轴，两侧生长均等的丝羽。这种羽毛青年鸡最晚更换。

绒羽：绒羽多长于其他羽毛之下，羽管、羽杆、丝羽都细于片羽。主要起鸡体保温作用。

针羽：针羽如哺乳动物粗毛一样粗细。只有杀鸡脱毛后才能显现，生理作用不说。

三、宫廷黄鸡的生物学特性

每个家禽品种由于进化的地域和人工选择驯化力度不同，虽然改变了原品种某种特性，但是，生物学的特性是改变不了的，在人工饲养过程中必须遵循这一规律，识性，适劳，得效功倍。

1. 适应性和抗逆性 20 多年以来，中华宫廷黄鸡商品代投放到四川成都、广东深圳和新会、广西南宁、新疆哈密、内蒙古包头、黑龙江佳木斯、山东潍坊临朐县、莱阳等地进行饲养。出栏率都在 95％以上。由此可见，在南方夏季有时湿度超过 70％，温度超过 36 ℃该品种仍生长良好。在哈密和鞍山气候干燥相对湿度 35％～40％，而冬季外界温度在 −24 ℃，鸡舍温度偶尔达 −10 ℃，该品种生长良好。在北京 12 周以上青年鸡冬季在 5 ℃生长良好。父母代在山东莱阳、广东、北京等地 21 周末成活率均在 94％以上。

由宫廷黄鸡的适应性、抗逆性强可见其抗病能力也很强。商品鸡饲养期 120 日龄，多年来只免疫马立克氏病、新城疫，其他未免疫，鸡群没有发生任何传染病。

普通疾病除因破伤有金黄色葡萄球菌感染，球虫病、白痢病、大肠杆菌病发生，其他疾病很少发生。

2. 采食性 宫廷黄鸡育成材料全部是我国土种鸡，因此其营养的需要按国内饲养标准即可满足。该品种采食广泛，消化机能强。通过在北京远郊的延庆县、深圳龙岗区、浙江海宁市、黑龙江友谊县进行地面放养 2 000 只，喂配合饲料，并喂各种杂草、树叶，生长速度和笼养、网上饲养同步，饲养出的鸡皮更黄，肉质相同，味道更鲜美。鸡的成活率比舍饲高 1.2％。由该试验可见，它对粗纤维的利用率高于其他品种。

对该品种还进行过有鱼粉和无鱼粉饲料配方喂养 120 日龄比

较，只要蛋白质饲料相同，氨基酸平衡，增重无显著差异。而在肉质方面，饲喂以豆粕、菜子饼为主的蛋白饲料鸡味道要比饲喂动物蛋白，如鱼粉，肉味更鲜美。这样不但改善了肉质，而且还降低了生产成本。

1994年7月5日，一农户同时饲养宫廷黄鸡和美国迪尔褐壳蛋鸡。宫廷黄鸡雏鸡重39.8 g、迪卡雏鸡重42.2 g。用传统方法饲养，60日龄称重，迪卡鸡平均每只比宫廷黄鸡轻33 g。屠宰后见宫廷黄鸡肌胃中沙砾比迪卡鸡多1倍。据饲养者反映，黄鸡不择食，什么都吃，而迪卡鸡只是吃粮食，很少吃其他食物。由此可见，宫廷黄鸡消化机能强，并且杂食性强。

3. 繁育特性 宫廷黄鸡父母代年产蛋160～174枚，种蛋合格率91.2%，受精率91%～97%，受精蛋孵化率92%。但是，宫廷黄鸡达以上繁殖指标只有用人工授精。尤其是搞杂交繁育更是如此。用宫廷黄鸡公鸡和迪卡白羽母鸡、石岐杂黄羽鸡混放45天，不见自由交配，孵化9天，由3、7、9天照蛋，全部是无精蛋。该种鸡繁殖慢也就在于此。这个问题通过人工授精已得到彻底解决。

4. 性格特点 宫廷黄鸡由于头部长有大凤头，有时将眼睛、耳叶遮住，所以行动缓慢，性情温顺，一般人走近时不知警避，即便抚摸它，其仍很顺从。由于性情温顺，所以一般不啄肛、啄羽，一般不需要断喙。但是鸡与鸡之间，尤其是公鸡之间争配偶时，斗得很厉害。有的公鸡如果打它，它也敢反抗和人斗。

四、宫廷黄鸡的生理与解剖

每一个动物品种都有其生理特点，鸡也不例外。饲养管理的目的就是按其生理特性或称生理功能进行饲养，才能得到很好的经济效益。

1. 生理特点　宫廷黄鸡的生理特点与其他鸡没有明显区别。

（1）新陈代谢　家鸡是由野原鸡经过自然选择和人工选择由飞翔种变为陆地行走的，但它仍有飞翔时能抵御高空低温和强大气流冲击的生理需要和生长速度快、繁殖能力强所具备的生理特点。即新陈代谢作用比哺乳动物旺盛，消化食物快。

高体温：鸡体温为 41.5 ℃，范围在 40～44 ℃，比家畜高。雏鸡体温要比成年鸡高，随着年龄递增体温日渐下降。当然各品种仍有差异，一般体重越大的鸡种雏鸡体温越高。宫廷黄鸡属中型鸡，雏鸡体温在 43.5 ℃左右。

心率快：鸡的血液循环快。主要是因心率快所致。鸡心率每分钟为 350～470 次。雏鸡最慢，随着年龄增长而递增。成年宫廷黄鸡心率每分钟在 300 次左右。

鸡的血液占体重的 8%～9%，一般雄鸡比雌鸡血量大。鸡的血液区别于哺乳动物，不含血小板，血液凝固靠凝血细胞来完成，除有凝血细胞外还有红细胞、白细胞。血液密度为 1.050～1.064，血液渗透压约等于 0.93%氯化钠溶液。

鸡的血液主要功能是摄取鸡体所需要的各种营养物质和氧气，将其输送到全身的组织和器官，并将需要排泄的废物通过肾脏运化后输送到体外。还能调节机体组织水分，维持机体渗透压和酸碱度平衡，供应体组织热能，排热，以维持鸡体体温恒定。血液中的白细胞吞噬微生物异物，有使机体产生免疫的能力。

血液循环受能量蛋白输送快慢的制约。换句话说，鸡体需要量大，则血液循环快。一般天气最冷、最热时循环快，心率快。

呼吸频率高：鸡每分钟呼吸在 110 次左右。但雌性比雄性高。气温高，湿度大，气压低时鸡的呼吸次数增加。宫廷黄鸡正常气温下每分钟呼吸 94 次。

鸡吸进氧气呼出二氧化碳，通过血液循环供应机体各组织营养以维持其正常活动。鸡没有排汗的汗腺，天热时往往张口散热，呼吸加速排放热量而调节体温。

（2）体温调节生理　鸡与其他恒温动物一样，依靠摄取食物产生的热量、隔热和散热来调节本身的体温。鸡主要是通过消化道吸收的营养产生热能，主要营养成分是葡萄糖，热量不够时动用体内贮存的糖原，及体内贮存的脂肪，最后动用蛋白质通过代谢产热维持生命活动保持身体恒温。散热是通过蒸发、传导、对流和辐射完成的。隔热是通过鸡体内皮下脂肪层、皮肤、皮肤外生长的各种羽毛完成的。

鸡皮肤虽然没有汗腺，但一般气温在 7.5～30 ℃时可维持正常体温，不会发病。气温高于或低于以上范围，尤其是高温，鸡体自身调节受阻，会出现异常现象，如张口喘气、翅平伸下垂、咽喉发出声音。低温时鸡出现缩脖，或将头转回到翅下避冷保温。饲养人员应针对实际情况保温、升温或降温，保持鸡体体温平衡。

宫廷黄鸡的成年产蛋种鸡在环境温度为 10～30 ℃时生产性能不受影响。低于或高于这个温度范围母鸡产蛋率明显下降（−0.5 ℃母鸡仍产蛋，但受精低），公鸡采不出精液，必须采取升温或降温措施，以确保其生产性能不受影响。

关于其他与生产有关的生理特点，在解剖章节中再叙述。

2. 解剖学特点　在解剖学中，将鸡体组织分为运动、消化、呼吸、循环、泌尿、生殖、皮肤、神经、感官 9 个系统。因运动、消化、呼吸和生殖与生产的关系较直接，所以作重点介绍，皮肤在外貌特性中已简单介绍，在此不再详述。

（1）运动（骨骼、肌肉）系统　鸡由飞禽进化而来，与哺乳动物相比其骨质密坚实，而重量较轻。

头部骨骼：鸡头呈圆锥形，由颅、面骨组成。头骨中各骨相互愈合。颅骨中腔小，由不成对的枕骨、蝶骨、筛骨及成对的顶骨、脑疝、额骨、颞骨构成。宫廷黄鸡颅比其他鸡长，中间沟深，凤羽长在沟前，即长成凤头，凤头后长脑疝骨。鸡头骨面积小，构造复杂，由切齿骨和颌前骨、舌骨及方骨组成。鸡头骨中有一个特殊的方形骨，与下颌骨构成关节，使口能张得很大，采食快、吞食的粒度大。颌前下颌骨长，长角质喙。

躯干骨骼：鸡躯干骨包括脊柱、肋骨、胸骨。鸡颈椎骨为13或14块，形成乙状弯曲；长而灵活，使鸡只视角广，采食灵活，喙能啄到身体各个部位。鸡胸椎骨7块，第7块与腰椎骨相愈合，成为一个完整骨板。腰荐部（骨盆部）由11～14块骨构成，完全愈合成一块腰荐骨，与后肢骨盆带紧密相连。鸡尾椎骨向上弯曲，由5块或6块组成。最后一块（尾综骨）发达，活动范围大，是羽腺支架。尾骨能自由运动，故飞翔以尾羽作舵。鸡的肋和胸椎骨数目相同。胸椎骨发达，嵴长大，附着肌肉多，组成了宽大的胸廓。

四肢骨骼：鸡前肢游离部演变为翼。乌喙骨、肱骨、锁骨与肩胛骨组成关节，下端与胸椎骨相连。臂骨粗大是长骨；尺骨比桡骨发达，间隙大，称前臂间隙。鸡前肢为适应飞翔，与哺乳动物差别很大，各骨均退化，数目也减少，腕骨仅保留桡骨和尺腕骨2块。鸡第一趾骨已退化，向后伸不接地面。掌骨3块。第二、三、四趾骨向前伸出，其中第二趾最发达。

鸡后肢发达，是支持全身体重、运动的部分。盆骨背侧与脊柱的腰荐联结得较牢固，而盆骨在腹侧开放，便于产卵。鸡上端以股骨头和髋臼形成关节，下端与膝骨和小腿骨形成关节。小腿骨长，胫骨发达，腓骨退化。胫骨远端与近端跗骨愈合；远端的一列与跖骨愈合。跖骨3块愈合。第一趾骨退化，向后伸。第二、三、四趾骨向前伸，形成爪。

肌肉：鸡的肌肉发达，尤其是肉鸡经人工向产肉方向选择，胸肌与后肢肌肉更是发达。肌肉一般为白色，而宫廷黄鸡肌肉比白羽鸡肌肉色深，煮后腿肉，尤其是腓骨、胫骨肌肉发红，吃起来感觉更细嫩。

鸡的胸肌发达适于飞翔，后腿肌发达，适于栖息，适应行走。

鸡胸腹膈不发达，其他肌群发达。头肌、咀嚼肌发达，便于采食。颈肌发达，活动灵活。尾肌发达，有升降尾，偏尾，散开尾羽之功能。腹肌除保护内脏还有助呼吸作用。肋间肌起呼吸作用。翼间肌群主要起飞翔作用。后肢肌群起着蹲起、行走作用。

（2）消化系统 鸡消化器官包括喙、口腔、舌、咽、肌胃、小肠、盲肠、大肠、泄殖腔。参与消化的还有胰腔和肝脏。鸡消化器官示意图见图3-4。

口腔：鸡口腔简单，无唇、颊、齿，所以无咀嚼能力。上下颌用角质喙代替，呈三角形。舌上缺少味蕾，唾液腺不发达，所以给鸡喂苦、酸、甜等食物鸡都吃。

咽是口腔和食道通道。鸡舌因有回钩，啄进的食物可通过回钩，钩进食管。

鸡的食道宽且弹性强，黏膜形成许多纵皱褶，易于扩张，能吞食大块饲料，如玉米粒和硬沙砾粒。鸡的嗉囊很大，成鸡嗉囊能容纳100～150 g食物和沙砾。嗉囊是"贮存室"，食物停留一段时间再通过食管分泌的液体软化，后进入腺胃。

腺胃又称前胃，呈纺锤状，后连通肌胃。腺胃头样黏膜上分

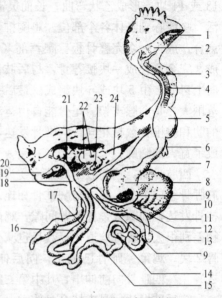

图3-4 鸡消化器官示意图

1. 口腔 2. 咽 3. 食管 4. 气管 5. 嗉囊
6. 鸣管 7. 腺胃 8. 肌胃 9. 十二指肠
10. 胆囊 11. 肝管 12. 胰管 13. 胰
14. 空肠 15. 卵黄囊憩室 16. 回肠
17. 盲肠 18. 直肠 19. 泄殖腔 20. 肛门
21. 输卵管 22. 卵巢 23. 心 24. 肺

布很多腺体和分解酶，起着一定的消化作用。肌胃又称沙囊，是禽特有的器官，呈扁圆形，前缘有食管后有十二指肠相连。肌胃2层，内有黄而坚硬的有质层称鸡内金，外有厚厚的一层肌肉。由于肌胃特殊构造，能使鸡食入硬物机械的磨碎，沙砾在其中起着磨碎作用，便于食物进入十二指肠消化呼吸。

鸡的肠道较短，约为体长6倍，比其他动物，尤其是反刍草食动物短，所以鸡食入食物到排出需8～10 h，消化很快。小肠分十二指肠、空肠、回肠。这是人为划分，界限不明显。小肠有黏膜，并有绒毛。除十二指肠外，其他都是腺体。十二指肠形如"U"字肠袢，中间有黄色胰脏，分泌胰蛋白酶进入十二指肠。肝脏上长有胆囊，通过胆管分泌胆汁进入十二指肠。胰胆腺体平衡酸碱度，分泌酶分解蛋白消化食物。空肠较长，回肠短。

大肠，分盲肠、直肠、泄殖腔。盲肠2根，开口于大小肠分界的回直肠分界处。盲肠一端有口，末端为盲端，左右各一根。盲肠起消化纤维的作用。直肠下连泄殖腔。功能是最后消化吸收。

泄殖腔是禽的特殊器官。它是消化管、排泄管、生殖管的共同开口。泄殖腔中被两个环褶分为前中后3部分。前为粪道；中为母鸡生殖道（公鸡泌尿口、输精管口）；后部分为肛门。

法氏囊，即腔上囊，位于泄殖腔背侧，但不是腔里。它是青年鸡、雏鸡的免疫器官，随年龄增长，性发育成熟渐渐消退。宫廷黄鸡的法氏囊一般在20周龄消退。

（3）**呼吸系统** 鸡呼吸系统发达，由鼻腔、喉、气管、支气管、气囊、肺组成。

鼻腔，由鼻中隔分为左右两孔道。喉分前后，前喉由环状软骨和两勺状软骨构成，分成两瓣，阻止食物进入气管。鸡无声带，发音靠位于气管分支处的后喉鸣管。鸡的气管上接喉下接支气管，呈环状圆桶，节节连接。支气管在胸内分两叉各入肺叶。气管炎即该部分发炎。肺分左右两叶紧贴肋骨。

气囊，家禽在飞翔时充气用，以增加身体的浮力。鸡有 9 个气囊，即颈一对，前胸一对，后胸一对，腹一对，锁骨间一个。生产中意义不大。

(4) **循环系统** 鸡循环系统包括血液循环器官、淋巴器官和造血器官。

血液循环器官：鸡心脏较大，相当于体重的 $4\%\sim8\%$，在胸腔偏左部位，夹于两肝叶中间，正对第 $5\sim11$ 肋骨。右心房与右心室之间不像哺乳动物有三尖瓣，而是由一个特殊膜代替三尖瓣。鸡在胚胎时（出壳前）有主动脉左右 2 条；出壳后左侧主动脉慢慢萎缩，成年后只剩右侧主动脉。

淋巴和造血器官：鸡的淋巴主要存在于消化道壁上，如小米状。腔上囊，位于肛门背侧上方，壁厚，黏膜皱襞多，含大量淋巴小对。脾为最大的免疫器官，同时又是青年鸡的造血器官，成年鸡的贮血器官，位于腺胃、肌胃交界处的右侧，呈圆形，红褐色。胸腺位于气管两侧，长圆形，数量很多，也是免疫器官。

红骨髓主要位于棒骨中央，是主要的造血器官，含有不同阶段的红细胞、白细胞、凝血细胞。

鸡同样有大循环（体循环）、小循环（肺循环）和微循环。通过这三个循环把营养供应给全身各个部位，以完成机体生长发育和生产的需要。废物通过循环系统经过肾脏排出。

(5) **泌尿生殖系统** 家禽泌尿系统比哺乳动物简单。它仅有肾脏和输尿管，没有膀胱和尿道。鸡肾位于腰荐部脊柱两侧，左右各一个。左右各有一根输尿管开口于泄殖腔内。

雄性生殖器官：公鸡生殖器官包括睾丸、附睾、输精管和阴茎。

睾丸呈豆状，左右对称，以系膜悬挂在同侧肾前端腹侧。宫廷黄鸡的睾丸多为白色、乳白色。附睾位于内凹的地方，比睾丸小。

输精管呈弯曲状，向后开口于泄殖腔内，开口处形成小乳头，是退化的交尾器，相当于阴茎。交配时，充血勃起，将精液输入母鸡生殖道（图3-5）。

雌性生殖器官：鸡与其他禽类一样，左侧的卵巢和输卵管发育完整，右侧全部退化（图3-6）。

卵巢位于左肾前叶的下方，一端以卵巢韧带悬挂于腹腔背侧壁，另一端以腹膜褶与输卵

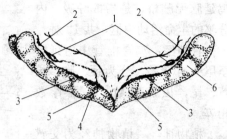

图3-5　公鸡射精示意图
1. 输精管乳头　2. 泄殖腔第二褶　3. 肿胀淋巴褶
4. 纵沟　5. 勃起的阴茎　6. 泄殖腔第三褶

管相连。卵巢上有许多不同发育期的卵子，由小向大发育。小的如小米粒大小，逐渐发育为绿豆粒大小，开始有卵黄，如一串串葡萄。卵巢还是分泌雌激素的部位。

输卵管是一条长而粗细不等的管道，沿左侧腹腔背侧面向后，开口于泄殖腔内。卵管由前向后分为输卵管伞部、蛋白分泌部、峡部、子宫、阴道等部分。

鸡的繁殖生理：鸡是体内受精，采取卵生方式进行繁殖的。

交配时，公鸡趴在母鸡背上，母鸡将泄殖腔抬起，公鸡将生殖器紧贴母鸡泄殖腔交媾。公鸡射出0.5～1 mL精液。精液进入阴道后，精子在输卵管纤毛摆动和本身蠕动作用下由阴道经子宫、峡部、蛋白分泌部，到伞部与卵子结合，完成受精。受精卵和未受精卵开始向后，即向泄殖腔移动。卵子在蛋白分泌部被管壁腺体分泌的蛋白包裹起来，进入峡部形成卵膜，到子宫里上壳膜和壳，再经泄殖腔产出。卵黄颜色深浅和蛋壳颜色主要由品种决定，其次是摄取的饲料色素含量多少的影响。吃含黄色素多的饲料卵黄颜色深。宫廷黄鸡A系、B系产粉浅壳蛋，C系、D系产浅褐壳蛋，卵黄均为深黄色。

（6）神经与感觉器官

脑：鸡脑延脑宽大，宫廷黄鸡A系、B系脑疝更为突出。

鸡延脑无脑桥，是指挥呼吸、内分泌的生命活动中枢，共12对。

脊神经：鸡脊椎管中由延脑至尾中有脊髓，分为颈、胸、腰荐、尾，以成对数，与椎骨数相等。

植物神经：植物神经为交感神经和副交感（迷走）神经，它是支配鸡正常生存生命活动的神经。如支配内脏器官、颈、胸等部位正常运动。

眼、耳和感觉器官：这两个器官和体表都是将外界感觉提供给大脑神经，而后引起反射。

眼是视觉器官。眼球外膜是纤维膜，又分角膜和巩膜。中膜分脉络膜、睫状膜、虹膜。虹膜形成瞳孔。鸡的眼睑和第三眼睑都发达，所以运动灵活。

耳是听觉器官。鸡耳无廓，外耳道口的周围有小羽毛；中耳形成鼓室，鼓室内有一小孔与颅骨气腔相通；内耳有半规管，很发达。

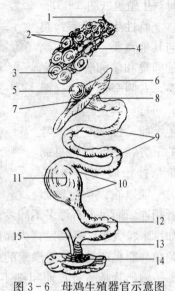

图 3 - 6　母鸡生殖器官示意图

1. 孵巢基　2. 正在发育的卵泡
3. 发育成熟的孵泡　4. 卵泡缝痕
5. 将入喇叭口的卵泡　6. 喇叭部
7. 卵入口　8. 喇叭口外颈部
9. 蛋白分泌部　10. 峡部
11. 正在形成的鸡蛋　12. 子宫部
13. 阴道部　14. 泄殖腔
15. 退化的右侧输卵管

第四章

宫廷黄鸡的繁育

动物品种之间,不仅外貌有所区别,生物学特点也有差异,鸡的品种也不例外。鸡的品种形成的历史越长,保守性越强,即个性越强;杂交后代优势越大。

宫廷黄鸡在繁育上和其他鸡相比很保守。如果宫廷黄鸡A系、B系与其他公母鸡混放散养,公鸡只和同外貌的"三黄"、"三毛"、"六翅"鸡自然交配,和其他外貌,无论是黄羽、红褐、白羽鸡均不交配。有的公鸡将宫廷母鸡啄得遍体是伤,仍不屈服。对于宫廷黄鸡这一特点,在北京、深圳试验,都得到同样结果。这种现象在其他品种是极为罕见的。

在中华宫廷黄鸡培育过程中,经多组杂交试验,终于培育出了两两品系即四系配套杂交组合的商品鸡。这样保持了原有特性,提高了其生长速度,提高了饲料转化率,增强了抗病能力,提高了抗逆性和适应性。在山东烟台地区、广东深圳、新疆哈密、辽宁鞍山、黑龙江佳木斯、四川成都等地饲养宫廷黄鸡,商品鸡成活率120日龄最低为95%,并且未发现任何传染病和代谢疾病。但每批鸡都会出现有遗传缺陷的交喙鸡、转脖鸡。

一、宫廷黄鸡的遗传特性

宫廷黄鸡四系配套在遗传上比较成功。2006年9月,中国遗传研究所程光朝研究员对宫廷黄鸡各系血型测试,证明宫廷黄鸡遗传特征相对固定,群体间变异较小,品种趋于稳定。

鸡的遗传是有规律性的。具体某一品种又具有差异,即它的特殊性,宫廷黄鸡也不例外。

1. 宫廷黄鸡的遗传现象 宫廷黄鸡 A 系和 B 系纯属亚洲型。在遗传现象上,商品鸡的嫩度值、肌纤维细度属混合性遗传。味道属伴性遗传。"三黄"、单凤冠是混合性遗传。凤羽冠、胡须、胫生羽毛为先父遗传。趾生主副翼羽、蹠部生主副翼羽,是返祖遗传。种鸡产蛋率,为超亲遗传。

2. 宫廷黄鸡几个表型性状的遗传规律 专家对 100 只商品代(F_1)鸡的表型性状进行了测定,其中具有羽凤冠、脑疝的占 96%,羽胡须的占 82%,胫趾毛羽的占 97.3%。具有胫趾羽、凤羽冠为宫廷黄鸡 F_1 的主要标志。这样该鸡屠体脑疝明显,胫羽拔掉仍有毛孔痕迹存在,可作为外形鉴别标志。

3. 宫廷黄鸡颜色性状及遗传

羽色:宫廷黄鸡 A 系为黄羽,个别有极少量浅黄、虹豆白、纯白羽。趾翼羽黄色,夹杂白色。B 系为红羽,个别有黄羽,尾大镰羽小、镰羽黑色,趾羽黑色、红色。C 系为黄羽,镰羽为黑色。四系配套后,商品代(F_1)全同质为浅色黄羽,或少量深色黄羽。羽色差别,是由羽毛含黑色素颗粒数量、大小、形状以及排列方式而决定的,羽色由浅至深黑色素颗粒越来越大,数量越来越多。黑色羽含杆型颗粒最大,并且密集。红色、黄色羽,颗粒呈圆形。由于该品种父系母本和母系母本均含深色(黑、红)羽色,而父系父本和母系父本均为浅黄,因此杂交后为浅色羽,进而克服了白色羽出现。

肤色:宫廷黄鸡肤色为黄色。皮肤色黄,一是遗传,二是摄取含有叶黄素的饲料,沉积于皮肤、血液及卵黄中。开产前肤色最黄,一旦产蛋,叶黄素逐渐输送到卵黄中,肤色越来越浅,甚至变为白色。皮下脂肪易沉积黄色,故皮下脂肪为黄色。喙、胫均为皮肤衍生物,均由表皮和真皮构成。宫廷黄鸡胫羽、趾翼羽都有上述两层结构。羽管中有血管、神经分布。由于表皮层含有黄色素，故喙、胫和趾均呈黄色。个别宫廷黄鸡喙的基部真皮层含有黑色素，所以喙根呈现黑色。

4. 宫廷黄鸡的形态性状及遗传 鸡的形态主要指冠形、羽形和体形。

冠形：宫廷黄鸡四系肉冠均为单冠，因此 F_1 代均为单冠 7 齿。由于父系均有毛凤冠，所以肉冠均较小。毛（羽）冠也称凤头、缨头。宫廷黄鸡父系生有毛羽冠，而且很大，呈球形，有的将眼遮覆。毛凤冠基因 Gr 对单冠是不完全显性，因此在 F_1 代中有毛凤冠的占96%，无毛凤冠的占4%。凡长毛冠的均长有脑疝。

羽形：鸡的羽毛有正常羽和变态羽两类。宫廷黄鸡为变态羽。宫廷黄鸡长有须，须羽按《家禽育种》记载为显性，但宫廷黄鸡表现为不完全显性，因无须的占8%。宫廷黄鸡长有胫趾羽，父系和母系杂交为显性遗传，基因在常染色体上。宫廷黄鸡体长紧凑羽毛。

体形：宫廷黄鸡是正常体型，属中等体重型。由产蛋鸡体重体型逐渐趋于胸宽体阔的肉用型。

5. 宫廷黄鸡药用、肉用性状及其遗传 宫廷黄鸡原为药肉蛋兼用型品种。因人们发现其肉质鲜嫩，对人体有滋补和健身作用，因此逐渐向药肉用方向培育。

药用性是品种的遗传所决定的。宫廷黄鸡喂蛋鸡的日粮，而肉中蛋白、谷氨酸、钠含量均高于蛋鸡31.2%、224%、340%。这是宫廷黄鸡品种生化转化作用的结果。当然，药用鸡饲料应该无污染。

肉用性状常与体型大小成正相关。一般来说，体型大、体重大，则产肉多，反之则产肉少。当然也有特殊情况，体型小的产肉多，关键看体型结构、屠宰和屠宰率的遗传力。

宫廷黄鸡的配套系是按以上规律进行选择的。测得同日龄（245日龄）、同批次、同数量的第六代原种各系6只的平均体重是，A系 3.06 kg、B系 2.61 kg、C系 2.86 kg、D系 2.51 kg。

对于肉用品种，在遗传上出生重和生长速度这两个数量性状很重要。

宫廷黄鸡 23 周龄产蛋率 5%，平均蛋重（35.56±2.61）g。54 周龄 100 枚种蛋平均重（41.24±5）g，雏鸡出壳平均体重（33.9±3）g，雏占蛋重 82.3%。一般品种种鸡出壳雏占蛋重 65%～70%。一般鸡蛋壳占蛋重 10%～12%，蛋白占 55%～60%，蛋黄占 30%～35%。测得宫廷黄鸡 10 枚种蛋结果是，蛋平均重 51.83 g，蛋壳 6.32 g，蛋白 30.61 g，蛋黄 14.90 g；蛋壳占 12.28%，蛋白 59.49%，蛋黄占 28.96%。蛋色比值 13以上。

根据宫廷黄鸡的药用价值和优良肉质，设计商品鸡在 120 日龄出栏，所以生长期比一般鸡长。生产速度前期快，中期一般，后期快。测试 100 只 F_1 平均体重，初生重（33.90±3.09）g，4周末（236.4±18.84）g，6 周末（428.81±54.24）g。

6. 宫廷黄鸡杂交的特点　宫廷黄鸡的杂交，实际是 A 系、B 系与其他品种杂交。该鸡与石岐鸡杂交，北京黄鸡杂交味道和肉嫩度均好，和北方土鸡（所谓的柴鸡）、浙江仙居鸡杂交效果不好，与七彩山鸡（野鸡）杂交，由于染色体不同，8 周龄前全部因致死基因死亡。

宫廷黄鸡的其他数量性状将在以下章节中叙述。

二、宫廷黄鸡的配套系生产性能

1. 祖代鸡四系配套特点

（1）A 品系　A 系即父系父本公鸡。外貌特征见图 4-1。成年鸡黄喙、黄胫、黄肤、黄羽。该品系长 7 齿鲜红色单肉冠，并生与普通不同的高 4.5 cm，宽 7.5 cm 梳羽型羽凤冠。眼睛，中圆黑，周黄，耳叶白色，周围长小毛。颌下其他鸡长肉垂部位，它有皮肤与颈下相连，皮上长有绒羽、片羽形成羽髯，长 8 cm。其他鸡胫、趾长鳞片部位宫廷黄鸡长主翼羽，长 12.3 cm，平均 27.28根，如翅膀又如扇子。普通鸡蹠部长片羽，该品系向内下侧长一束长10.7 cm，25 根之多的主翼羽。

图 4-1 宫廷黄鸡 A 系公鸡

生产性能：A 系公鸡成年鸡 2 214.2 g，22周龄基本体成熟，精子成熟能采出精液，25 周龄能正常配种，种蛋受精率达 85% 以上。21～72 周龄成活率 94.2%。

生长发育特点：公雏初生平均体重 40.2 g。初生后三毛部位和蹠、胫、趾绒毛明显。绒羽更换常羽时蹠、趾羽先更换，6 周龄至 12 周龄，这两部位主翼羽最明显。12 周龄末平均体重达 1 261.4 g。12 周龄前饲料转化率为 3.35，饲料转化率高。

品质特点：A 系鸡体型大，生长速度快，并且采食量大，适应性强。母鸡种蛋最高受精率达 97.3%。

（2）B 品系　B 系即父系母本鸡（B 系外貌见图 3-2）。成年母鸡黄喙、黄趾、黄肤，全身深、浅褐色羽。凤羽冠比公鸡大，高 6～8 cm、宽 6.5～7.5 cm。产蛋期肉冠呈鲜红色，有的呈 "S" 或 "3" 字形。颌下有 7 cm 长羽髯，胫部长羽。蹠部较长，平均为 10 cm，有 27～28 根主翼羽，趾上也长羽，长 9.9 cm，有 27 根主翼羽。其他特征同 A 系。它外貌独特，俗称小凤凰。

生产性能：成年母鸡体重 1 638.4 g。21 周末产蛋率 5%，24 周末产蛋率 50%，可以自交或人工授精作为种用蛋。25 周测种蛋受精率为 88.7%，72 周产蛋 162 枚，种蛋合格率 91.7%，产蛋期平均受精率 91.3%。产蛋高峰在 28~32 周龄，产蛋率 66.2%。蛋色浅粉。产蛋期成活率 93.7%。

生长发育特点：雏鸡初生重平均为 33.6 g。出生后蹠、胫、趾有明显绒毛。6 周末平均体重 587.2 g，12 周末平均体重 1 101.3 g。8~12 周龄由于翅羽先更换，"三毛"、"六翅"特征最为突出。母鸡 20 周龄有个别产蛋。

品系特点：B 系鸡具有抗病力强，抗逆性强的特点。该品系鸡性情温顺，几乎未出现啄肛、啄羽现象。对鸡痘、球虫抵抗能力强。但个别鸡因近亲系数高，有转脖和交叉喙现象。该品系在产蛋期间对维生素需求高，应注意补加维生素 D_3。

（3）C 品系 C 系即母系父本。

外貌特征见图 4-2。成年鸡黄喙、黄胫、黄趾、黄肤、黄羽。该品系与 A 系、B 系不同的是颌下长两个大肉垂，长大单冠。身上鞍部蓑羽红、镰羽黑色，主、副翼羽由轴杆划分一侧黑一侧黄，体型中等。

生产性能：成年鸡体重平均 2 312.4 g，该品系

图 4-2 宫廷黄鸡 C 系公鸡

公鸡 21 周末可采出精液，23 周末精子成熟，如与 D 系母鸡混放可自然交配，进行繁殖。公母比例为 1：10，采用人工授精可达 1：20。21~72 周龄成活率 94%。

生长发育特点：雏鸡初生重为 37.7 g，6 周末体重 515.4 g，12 周末 1 280.3 g。

品系特点：C 系鸡活泼，性功能强，每只公鸡人工授精公母比例 1：12，受精有保障。该品系具有适应性强，抗病力强的特点。

（4）D 品系　D 系即母系母本鸡。外貌特征见图 4-3。黄喙、黄胫、黄趾、黄肤，全身黄麻羽，个别黑麻羽。头长单肉凤冠，颌下长小肉垂。胫细而短。腹宽大。

生产性能：成年鸡平均体重 1 938.6 g。19 周龄个别鸡产蛋，21 周末产蛋率 5％，24 周末产蛋率 50％，可以自然交配或人工授精，

图 4-3　宫廷黄鸡 D 系母鸡

受精率 86.2％，孵化率 78％。72 周末产蛋 171 枚，种蛋合格率 92.3％。

生长发育特点：雏鸡初生重平均为 37.2 g，6 周末体重 507.5 g，12 周末体重 1 051 g，20 周末基本体性熟和性成熟。

品系特点：D 系鸡，具有产蛋高、抗病力强的特点。宫廷黄鸡未注射过减蛋综合征疫苗，到目前未见发病。D 系鸡蛋壳比较好，所以种蛋合格率达 92％以上，产蛋高峰最高达 94.7％，保持 3 周。

2. 父母代鸡配套特点　宫廷黄鸡由于是两两配套，所以是祖代 A 公配 B 母，父母代留公（父系）弃母；C 公配 D 母，父母代留母弃公；即形成 AB 公，CD 母配套的父母代。由血缘看父系公鸡 A、B 血缘各 50％，母系母鸡 CD 血缘各占 50％。

（1）父系鸡 父系鸡是由祖代 A 公 B 母杂交繁育而成，外貌和生产性能具备了祖代特点。

外貌特征：该公鸡长单肉凤冠，全身除翼和颈长红羽外，其他部位长黄羽。喙、趾、皮肤为黄色。羽凤冠、颌下须、胫生羽的"三毛"特征俱全。蹠、趾长的翼羽比祖代更长，更多。

生产性能：成年公鸡体重均在 2 700 g 以上。该鸡 18 周龄性欲表现明显，开始追逐并爬跨母鸡。20 周龄基本体成熟、性成熟，22～24 周龄可以自然交配或人工授精。自然交配公母比例 1∶10～15 能保障受精率 85%～93%。

生长发育特点：出生雏鸡平均体重 39 g。生长强度在 8～12 周龄，12 周龄体重达 1 300 g，"三毛"、"六翅"特征明显。凡不具备"三毛"、"六翅"特征的，12 周末全部淘汰。该品系在育成期间，因近亲繁育，出现转脖病态的鸡，应淘汰。

父系特点：该公鸡具有耐粗饲、抗病力强、抗逆性强的特点。目前在广东、新疆、山东等地试养都很成功，可见其适应能力很强。该鸡性情比较温顺，单独饲养未见啄肛、啄羽现象，但如散养仍出现公鸡间争斗。如果单独饲养管理，鸡只体质健康，但是配种前的 4 周应上公鸡笼，让它适应环境，为进行人工授精打下基础，这样公鸡精液质量和数量才有保障。

（2）母系鸡 母系鸡是祖代 C 与 D 母杂交繁育而成。父母代留 CD 血缘母鸡弃公鸡。该品系母鸡是南北方两种三黄鸡杂交而成。

外貌特征：CD 系母鸡具备三黄鸡特征。全身除颈部梳羽有黄麻羽，尾上长黑镰羽外，其余部位全部长黄羽。胫细而短。头长单肉凤冠，颌下长小肉垂 2 个。黄圆眼。白耳叶。体型中等。

生产性能：成年母鸡体重 2 154～2 254 g。18 周龄个别鸡产蛋，21 周末产蛋率 50% 以上，可以受精，24 周龄所产蛋可以作为种蛋。24 周龄受精率 86%，27 周后受精率 90% 以上，最高受精率达 97.2%。饲养全期成活率 93%。生产期每只累计耗料 3 729.5 g。

生长发育特点：出生雏鸡平均体重 37.8 g，6 周末 515 g，

12 周末 1 112 g，20 周末 1 835 g。20 周末平均成活率 95.1％，每只累计耗料 7 158 g。该鸡在 3～5 周龄有啄羽现象发生。

母系特点：父母代母鸡性能也较产蛋鸡温顺，母鸡新换笼位，也出现个别啄斗现象。适应性很强，在干旱地区和相对湿度 65％的南方都能正常产蛋和正常繁殖。并具有耐粗饲特点，对蛋白缺乏的饲料不像蛋鸡那样敏感。该鸡抗普通疾病能力强，但易受凉，造成卵黄落入腹腔，引起炎症。春秋有 5％的鸡有抱窝现象。

3. 商品代鸡生产性能　商品肉鸡是宫廷黄鸡配套系最终产品。四系的血缘各占 25％，既具备了 A 系、B 系肉味鲜美的突出优点，又具备了 C 系、D 系肉质鲜嫩的特点。

由于该商品鸡全部是国产鸡配套、杂交，因此在适应性、抗逆性、抗病力等三方面也是肉鸡、蛋鸡无法相比的，因而其成活率必然高。

外貌特征：为检测宫廷黄鸡商品代质量性状，测定 100 只 15 周龄末的四世代后裔鸡。其中，公鸡 46 只，母鸡 64 只。有凤羽冠的 94 只，无凤羽冠 6 只。有须羽的 82 只，无须羽的 18 只。有肉垂的 18 只（其中，公鸡 17 只，母鸡 1 只），无肉垂的 82 只。有胫羽的 96 只，无胫羽的 4 只。有趾翼羽的 65 只，无趾翼羽的 35 只。有蹠翼羽的 10 只，无蹠翼羽的 90 只。深黄羽的 76 只，浅黄羽的 24 只。

生长发育性能：宫廷黄鸡商品代初生重 33～35 g，4 周末 180～190 g，8 周末 755 g（公鸡 791 g，母鸡 719 g），12 周末 1 093 g，17 周末 1 625 g。由以上周龄体重看，4 周前平均每只每周增重 38.75 g，5～8 周龄平均每只每周增重 141.25 g，9～12 周龄平均每只每周增重 84.5 g，13～17 周龄平均每只每周增重 106.4 g。由宫廷黄鸡的增重速度看，这一品种在 5～8 周龄日增重最快，其次是 13～17 周龄，4 周龄前增重速度慢。

宫廷黄鸡商品代由 15 周龄开始皮下积累脂肪，17 周龄基本成熟，皮下有一定量黄色脂肪，屠宰后皮肤黄色，而且味道很鲜美。

17周龄后尽管味道很好，但生长速度很慢。测试公母鸡各10只的体重，平均每只1 785 g，和20周龄比3周增160 g，每周增53.3 g，是生长强度最低的时期。

由饲料转化率看，两系配套是4.12，三系配套是3.85，四系配套是3.5。在深圳对1 200只鸡的鸡群进行测试，达到3.24。

4. 宫廷黄鸡各代的体重体尺　为便于了解宫廷黄鸡生产性能，以利于指导生产，现将各代次鸡体重、体尺列于表4-1至表4-4中。

表4-1　宫廷黄鸡原种（曾祖代）体重、体尺

品系	性别	周龄	只数	体重(kg)	体斜长(cm)	胸宽(cm)	胸深(cm)	胸角(°)	龙骨长(cm)	骨盆宽(cm)	胫长(cm)
A系	公	30	10	2.15±0.23	22.2±0.28	7.45±0.68	20.1±0.32	77.0±4.20	13.40±0.97	7.35±0.71	10.20±0.42
	母	30	30	1.84±0.27	21.5±0.57	7.85±0.60	19.2±1.24	63.7±6.81	11.23±0.68	7.68±0.59	8.27±0.55
B系	公	30	15	2.41±0.24	23.5±0.83	8.10±0.50	21.1±0.58	73.6±5.16	13.61±0.82	8.10±0.60	10.07±0.69
	母	30	30	1.83±0.28	20.7±0.86	7.46±0.46	18.8±0.96	70.2±4.13	11.06±0.45	7.58±0.64	8.35±0.48
C系	公	30	15	2.41±0.27	22.8±0.87	7.90±0.85	19.6±0.55	79.1±5.67	14.00±1.07	7.43±0.62	10.6±0.45
	母	30	30	2.23±0.36	19.9±0.58	7.98±0.99	18.1±1.21	74.8±4.66	11.10±0.61	8.26±0.58	8.50±0.39
D系	公	30	15	2.49±0.18	21.8±0.77	8.10±0.17	20.2±0.56	77.0±7.02	13.03±0.88	79.67±0.57	10.10±0.51
	母	30	30	2.30±0.29	20.9±0.66	7.95±0.39	18.2±1.30	69.1±5.58	11.13±0.35	8.58±0.44	8.62±0.59

注：系第六世代体重、体尺。

表 4-2　宫廷黄鸡祖代体重、体尺

品系	性别	周龄	只数	体重 (kg)	体斜长 (cm)	胸宽 (cm)	胸深 (cm)	胸角 (°)	龙骨长 (cm)	骨盆宽 (cm)	胫长 (cm)
A系	公	45	6	3.07± 0.30	24.7± 1.59	11.28± 0.49	20.83± 2.48	77.16± 4.02	16.50± 2.58	6.90± 1.43	10.35± 0.52
B系	母	45	30	2.01± 0.27	21.8± 2.59	7.53± 1.22	18.96± 1.47	73.33± 3.38	10.60± 1.21	7.55± 1.12	8.10± 0.96
C系	公	45	6	2.86± 0.34	23.83± 1.32	9.45± 0.61	22.00± 1.41	70.00± 6.32	15.50± 1.51	7.16± 0.51	9.91± 0.8
D系	母	45	30	2.64± 0.96	19.8± 0.82	7.80± 0.73	17.57± 1.30	68.50± 0.35	11.03± 0.35	8.18± 0.44	8.52± 0.39

表 4-3　宫廷黄鸡父母代体重、体尺

品系	性别	周龄	只数	体重 (kg)	体斜长 (cm)	胸宽 (cm)	胸深 (cm)	胸角 (°)	龙骨长 (cm)	骨盆宽 (cm)	胫长 (cm)
AB系	公	26	10	2.07± 0.29	21.75± 0.71	8.75± 0.46	20.0± 1.85	86.75± 5.1	11.38± 1.3	8.93± 0.62	9.70± 0.71
CD系	母	26	14	1.60± 0.23	21.54± 0.27	7.77± 0.59	18.9± 0.97	60.68± 6.6	10.45± 0.8	6.29± 0.79	8.29± 0.79

表 4-4　宫廷黄鸡商品代体重、体尺

品系	性别	周龄	只数	体重 (kg)	体斜长 (cm)	胸宽 (cm)	胸深 (cm)	胸角 (°)	龙骨长 (cm)	骨盆宽 (cm)	胫长 (cm)
A、B、C、D	公	17	20	2.07± 0.29	21.75± 0.71	8.75± 0.46	20.0± 1.85	86.75± 5.1	11.38± 1.3	8.93± 0.62	9.70± 0.71
A、B、C、D	母	17	20	1.60± 0.23	21.54± 0.27	7.77± 0.59	18.9± 0.97	60.68± 6.6	10.45± 0.8	6.29± 0.76	8.29± 0.79

三、宫廷黄鸡的繁殖技术

1. 宫廷黄鸡的繁殖特点　每一个鸡种都有它的繁殖特点，宫廷黄鸡也不例外。宫廷黄鸡属地方品种配套组合，是对古老品种进行人工选择后，利用现代技术进行繁殖生产的。因为宫廷黄鸡 A 系、B 系之间能够自由交配进行繁殖，与 C 系、D 系及其他鸡种均不交配，所以只能进行人工授精繁殖。

2. 人工授精

（1）**人工授精的优越性**　首先，提高经济效益。自然交配，每只公鸡只能配 7～10 只母鸡，进行人工授精，每只公鸡能配 25～40 只母鸡。这样既节省饲料、占地面积和人力开支，又减少很多传染病传播机会和普通疾病的发生。

其次，提高受精率，也是提高了生产能力。自由交配的种蛋，一是受精率受温度影响，气温过高、过低公鸡都很少交配，受精率低；二是种蛋容易被鸡蹬踩，出现脏蛋和惊纹蛋，种蛋合格率低；三是公鸡追逐母鸡，爬跨母鸡影响食欲，母鸡背部易受伤。所以采用人工授精能克服这三方面不足，提高种蛋的受精率和合格率。

再次，解决宫廷黄鸡品系间不自行交配的困难。采用人工授精，解决了宫廷黄鸡 A 系、B 系不和 C 系、D 系自交的问题，能够实行品系间杂交重组。

（2）**影响受精率的因素**　据报道，鸡的精子在 2～5 ℃保存时平均存活 87.5 h，受精率仍能达 93% 以上。精子输入母鸡生殖器官后 30 min 能游到漏斗部。有资料表明，给母鸡输精后，由输精开始，20 h 即能获受精蛋，38 h 种蛋的受精率最高。按 38 h 计算，第 1 天下午输精，第 3 天完全可收种蛋。

鸡的健康与精子、卵子的关系：鸡患新城疫、马立克氏病等传染病后，种蛋合格率、受精率都很低，而且死精蛋多。鸡患白痢和其他细菌感染而拉稀，不但受精率低，而且出弱雏多。原因是，公鸡患病不但精子量少，而且弱精、死精子比例大。母鸡患病生殖系统营养供给不足，出现畸形蛋，不能孵化。由此得出结论，凡营养良好，鸡无病和少患、不患普通疾病，其精子、卵子正常，鸡繁殖能力高，反之则繁殖能力低。

受精与季节的关系：春秋两季温暖、干燥，温湿度都适合鸡的生长、生产，精子、卵子正常，产蛋正常，繁殖能力高。宫廷黄鸡种鸡在温度为 12～24 ℃，相对湿度 45％～60％受精率最高。鸡舍温度在 5～30 ℃，进行人工授精受精率达 85％。

人为因素与繁殖率：进行人工授精只有手法统一，人员固定，时间固定，精液保存好，受精率才能提高。如人员不固定，手法各异，在采精时，鸡所受条件反射不一样，便会出现惊群，采精、授精不习惯，受精率低。一般人工授精在下午未喂料时进行比较合适。

（3）人工授精的方法

准备工作：首先，公鸡在输精前 1 周应单独饲喂种公鸡料，如无条件，则要补加 0.5％～1％奶粉、豆奶粉、鱼粉，以提高性欲。如以上都困难，可每只种公鸡每天补 1 枚煮鸡蛋。其次，将种公鸡、母鸡肛门处羽毛剪短。再次，对公鸡进行采精训练，对母鸡翻肛训练，并使它们不怕惊扰。除此之外，每次采精、输精都要将集精杯的输精管或输精器进行蒸煮消毒。

采精技术：采精需两人进行，有两种方法。一种是站立采精法。即一人准备好集精杯站于抓鸡者右侧，一人从笼中抓出鸡，左手抓住右侧鸡翅膀和大腿，将鸡尾部露给采精者。采精者右手拿杯左手由公鸡背部至尾部轻轻按摩，如有自然翻肛现象加速按摩，然后用拇指和食指拨开泄殖腔，挤精液于集精杯内。另一种是蹲式采精法。即一人抓住公鸡后，蹲在地上，将鸡前身用手固定于左腿下，将鸡尾部抬高，另一人用上述方法按摩采精。对于采精问题，主要是靠自己去摸索规律，熟能生巧，巧后才能加快速度，并能提高质量。

精液质量检查：精液品质直接影响受精率，所以每次采精后，都要求观察或镜检精液质量。正常精液为乳白色。混入血液的呈粉红色。混入尿液的呈粉白絮状块。凡受污染的精液其受精率低。射精量，一般公鸡在 0.2～0.6 mL。宫廷黄鸡 C 系、D 系公鸡比 A 系、B 系公鸡精液多。活力检查，取精液 1 滴置载玻片上，再滴 1 滴 1‰的氯化钠溶液，压上盖玻片，在 37 ℃保温箱内，在 200～400 倍显微镜下观察。根据视野中运动精子的百分数，按 10 级分法评定。如 100‰精子具有活力的为 1，90‰为 0.9。每毫升精液精子达 40 亿个的为稠，每毫升 20 亿个为中，每毫升 20 亿个以下为稀。精液的酸碱度，pH 7 最好，pH 6 以上为酸性，精子活动慢，pH 8 以上为碱性，精子活动快，死亡快。由此可见精液中性最好。用 pH 试纸测定比较方便。

（4）精液的稀释与保存　精液的稀释是指在精液里加入稀释剂。国内常采用以下几种方法。

葡萄糖稀释液：蒸馏水 1 000 mL，加葡萄糖 57 g，混匀。

蛋黄稀释液：蒸馏水 1 000 mL，加葡萄糖 42.5 g，再加鲜蛋黄 15 mL，混匀。

生理盐水稀释液：蒸馏水 1 000 mL 中加氯化钠 10 g。

为保证以上每种稀释液不受细菌污染，每种稀释液中加 40 mg 双氢链霉素。

精液稀释的比例是：稀释液为 1∶1 或 1∶2。保存在 2～5 ℃，有效期为 9～24 h。

（5）输精　输精深度以 2.5～3 cm 为最佳。精液量以 0.025～0.03 mL，有效精子 1 亿个为最好。每间隔 3 天输精一次。由第一次输精后的第 3 天开始收集种蛋。

输精方法：输精由两人进行，助手左手抓母鸡双腿，拉到笼门外，右手拇指、食指、中指在泄殖腔周围稍用力压向腹部；左手一面拉向后用中指、食指在胸骨后端向上一顶，泄殖腔呈外翻，内有两开口，左侧为阴道口，右侧为直肠口。另一人将吸入精液的滴管对正阴道口插入适宜深度，滴入精液，尔后助手右手缓缓松手，让鸡缓慢落入笼中。

（6）人工授精器具　目前，有较先进的射精枪，可以定量输精，建议大家使用该器械，没有条件的使用原来的器具，现介绍如下：

集精杯：兽用器械商店有售，是上大下小如漏斗状的玻璃器具。

输精管：如滴管，是琉璃制品，上端有胶头。新购管前端尖，易扎伤阴道，应在油石上磨圆再用。

输精器（枪）：兽用器械店有售。可定精液量，比较科学。

保温杯：放集精杯用。

每次使用人工授精器具，要严格消毒，并烘干。

四、提高宫廷黄鸡孵化率的技术

与其他鸡种相比，宫廷黄鸡种蛋孵化没有什么特性。为了提高种蛋孵化率，现将关键措施介绍如下：

1. 种蛋的收集与保存　为防止鸡舍内种蛋受病菌和病毒污染，饲养员应每天上下午各捡种蛋一次。将每次捡的种蛋放入蛋托，立即拿出鸡舍，放入消毒箱内。收集种蛋时要将钝头向上，尖头向下存放。对每天收集的种蛋都要进行挑选，合格种蛋和不合格蛋分开保存，并每晚用福尔马林、高锰酸钾熏蒸灭菌。现有中药熏剂，也可选用。

2. 种蛋的选择　宫廷黄鸡Ａ系、Ｂ系蛋为浅粉色，Ｃ系、Ｄ系为浅褐色，凡壳颜色不符的均选弃。种蛋都是一端钝一端尖，凡无钝尖头的或一端过圆一端过尖的均淘汰。蛋形指数应在0.70～0.75，计算方法是短轴长度除以长轴长度的百分数。对于惊纹蛋和沙皮蛋的都应淘汰。

3. 种蛋的保存　有条件的要设种蛋库。种蛋库最好安装空调调温。温度8～12℃最为适宜。为减少种蛋水分蒸发，室内以相对湿度70%～80%为宜。种蛋保存各季有异，春秋以1周为宜，夏季以5天为宜，冬季不超过10天。种蛋保存超过5天的应大小头翻一过再存放。如无条件建蛋库，可冬夏专挖一个半地下式窖，这样存放种蛋既易保温又易保持湿度。

4. 种蛋的运输　现在一般都用纸种蛋箱运输种蛋箱中放入蛋托，一般每箱300枚，最上边的再用旧托反扣种蛋，以防损坏。在运动中应轻提轻放。由于各季温度不同，夏季和冬季应尽可能缩短运输时间，冬季要保温，防止冻坏种蛋，夏季要降温，防止胚胎早发育。为减少损失，运送种蛋时应大头朝上放置。

5. 种蛋的消毒　种蛋入孵前必须消毒，有三种方法。

（1）福尔马林消毒法　针对消毒空间，每立方米空间用福尔马林30 mL、高锰酸钾15 g。温度升到26.7℃以上，相对湿度在75%～80%，在瓷容器中先放福尔马林，再放高锰酸钾。为保证药效，消毒前要将室内门窗关闭。一般温度高0.5 h可通风。温度低或不急用种蛋可12 h或更长时间通风换气。

（2）高锰酸钾液消毒　将净水放入大盆内，水温达40℃最好，然后加高锰酸钾配制成0.01%～0.05%呈浅紫红色溶液，种蛋置种蛋筐内，放入溶液浸泡2～3 min，提出晾干，备孵。

（3）中药熏蒸消毒　该药有售。方法是先将干锯末点燃，尔后撒药粉。

6. 照蛋与出雏　宫廷黄鸡种蛋属深色蛋，并且蛋壳厚，一般第一次照蛋以第9天为宜，如两次照蛋第一次在第6天，第二次在第10天。

该品种4个品系杂交，父系种蛋比母系种蛋发育慢2～4 h，因此出雏时间长于其他鸡。如果像其他鸡种一样捡雏，毛鸡蛋比例将加大，将受到一定损失，万万不可忽视此事。

第五章

宫廷黄鸡的营养和饲料

宫廷黄鸡对营养的需要与土种鸡相同之处较多，但是每个鸡种都有它的特殊性。

近年来，随着科学技术的发展，家禽营养方面已有一系列重大突破。人们对家禽所需要的营养成分有更多更深地了解，而且对各种营养物质的功能及各营养成分之间的互补作用也有了深入了解。

鸡与其他动物一样，体内含有已知的 60 多种化学元素。这些元素可分两大类，一类为常量元素，含量在 0.01% 以上；另一类为微量元素，含量在 0.01% 以下。鸡体多数化学元素是互相结合构成较复杂的无机化合物和有机化合物。按鸡所需营养常规分析，构成机体化合物的有水分、粗灰分、粗蛋白质、粗脂肪、粗纤维和无氮浸出物六大成分。

一、宫廷黄鸡的营养需要

1. 水分 据测定，宫廷黄鸡肉中水分占 66.8%，可见水分在机体中所占比例是最高的，同样也是需要量最多的。鸡体各种营养主要靠血液输送，而血液的主要成分又是水。鸡体内每个细胞、细胞间质都离不开水，每个生命运动、生产活动都离不开水。所以说水是鸡乃至任何动物的第一的、需要量最多的物质。

水在鸡体内以两种状态存在。一种含于细胞间与细胞结合不紧密，易挥发，称游离水或自由水；另一种与细胞内胶体物质紧密结合，形成胶体外水膜，不易挥发，称结合水或束缚水。两状态称总水。

水对鸡的生长、发育、生产都至关重要，甚至比饲料更应引起重视。宫廷黄鸡对水分的要求与其他鸡一样，随着气温变化而改变，温度高时需水量大。小鸡比大鸡需要水量大，饮水次数要多。由于宫廷黄鸡体表覆盖羽毛多，散热差，气温高时，需水量也多。

2. 能量 鸡的一切生理过程，包括所有的运动，呼吸循环、繁殖生产、排泄、神经支配、体温调节均须依靠能量。饲料中的碳水化合物和脂肪是主要能量来源，其次是粗蛋白质多余部分转为能量。

（1）**碳水化合物** 碳水化合物包括淀粉、糖类和纤维素。鸡的消化道短，食物通过消化道时间较短，仅有分解乙糖、蔗糖、麦芽糖、淀粉的酶，能消化分解吸收这些物质。鸡消化道不含乳糖酶，所以不能消化乳糖。又由于鸡缺少分解粗纤维尤其是木质素的酶和微生物，因此消化粗纤维能力低下，根本不能消化木质素。据观察，宫廷黄鸡对粗纤维消化能力比标准蛋鸡略强，比快羽肉鸡更强。

（2）**脂肪** 鸡体及鸡蛋均含有一定比例的脂肪，所以家禽饲料中必须有脂肪，尤其是宫廷黄鸡的最终产品——商品代肉鸡，出栏时皮下有一层薄薄的黄色脂肪，不但屠体美观，而且味道香浓。

在饲料中直接添加脂肪固然好，但脂肪价格高，成本高。因淀粉能通过鸡的生化作用转化为脂肪，故饲料中要有一定量的淀粉，以满足鸡对脂肪的需求。

脂肪的热能价值高，比碳水化合物高 1.25～2 倍。宫廷黄鸡商品肉鸡出栏前 10 天，可以添加 2%～3% 的植物脂肪，以提高其屠体品质。如添加过高，脂肪过多也不符合当今人们的需要。

（3）宫廷黄鸡能量需要的特点　宫廷黄鸡属中等体型。发育较慢的地方品种原种代，通过人工选择提高了生长发育速度，所以逐渐适应了低能量、低粗蛋白的饲养方式。

种鸡和商品鸡对能量需要是有区别的，一是人为的因素去改变，另一个是品种生理需要。对于种雏鸡一般 11.7 kJ 就能满足需要量，中雏和大雏为控制生长发育，一般 11.5 kJ 即可，产蛋高峰 11.5～11.7 kJ（千焦耳），一般超过产蛋高峰 11.49～11.50 kJ 即能满足需要量。对于商品代鸡则主要是为提高经济效益和饲料转换率，所以雏鸡能量达 11.7～11.9 kJ，中雏为促使鸡体发育能量达 11.5 kJ，而出栏前为提高肉品质，则应达 11.7 kJ。

宫廷黄鸡对能量的需要与其他家禽一样，受环境温度和饲料品质的影响。鸡体为维持恒温，环境温度低于 18 ℃，自然代谢速度快；一般成鸡在 18.3～23.9 ℃ 的环境代谢最为经济，环境温度低于 12.8 ℃ 则能量多消耗在维持体温上。对于宫廷黄鸡，各代次种鸡一般在 10 ℃ 产蛋率不受影响。分析其原因，主要是因为羽覆盖面积大，且厚，保温性能强。

3. 蛋白质　蛋白质是含碳、氢、氧、氮、硫和复杂有机化合物，由已知的 20 多种氨基酸构成的，是生命中重要物质基础，是构成细胞的重要组成成分。蛋白质是碳水化合物、脂肪所不能替代的营养物质。在能量饲料不足时，蛋白质可以转化成热能。蛋白质是氨基酸的总和，鸡食入蛋白质后经消化系统酶的分解，成为各种单项氨基酸才能被吸收，所以蛋白质营养实质就是氨基酸营养。

（1）必需氨基酸　必需氨基酸指鸡体内不能合成或合成速度慢，不能满足鸡体生长、发育、生产需要的，必须由饲料中供应的各项氨基酸。鸡所需必需氨基酸有 13 种：蛋氨酸、赖氨酸、组氨酸、色氨酸、苏氨酸、精氨酸、异亮氨酸、亮氨酸、苯丙氨酸、缬氨酸、胱氨酸、酪氨酸和甘氨酸。其中，胱氨酸不足蛋氨酸可转化替代；酪氨酸不足，苯丙氨酸可以转化满足需要；雏鸡生长速度快，甘氨酸合成慢，所以也列入必需氨基酸之中。

（2）非必需氨基酸　鸡体内合成能达到生长、发育、生产需要，并不需要特殊补充的氨基酸，称非必需氨基酸。鸡体共需目前所知的氨基酸 20 多种，除 13 种必需氨基酸外还有谷氨酸、牛黄酸、天门冬氨酸、羟脯氨酸、脯氨酸、丙氨酸、丝氨酸、鸟氨酸，但这些均不需要特殊补给。

（3）氨基酸的平衡　氨基酸的平衡在鸡的饲料中很重要。因蛋白质的合成水平不仅仅是含量高低，更重要的是看最低限某项氨基酸是否达到鸡的需要量；如果某项必需氨基酸的量达不到所需量，其他项氨基酸再高也不起作用，仍是以最低项为水准。所以对宫廷黄鸡及其他品种鸡饲料一定要重视每项必需氨基酸的量，万万不可只重视蛋白含量，不注重视单项氨基酸的含量，而造成浪费。对于养鸡饲料中最应引起重视的蛋氨酸、赖氨酸、胱氨酸和色氨酸 4 种限制氨基酸，一定要补足到标准需要量。

（4）限制氨基酸　鸡缺少最多的氨基酸称第一限制氨基酸，即蛋氨酸，饲料中应考虑补充。

4. 矿物质　鸡体对矿物质的需要种类很多，有的品种需要量很大。矿物质各种类之间差异很大，品种之间不可替代。

矿物质在鸡体内功能很多，主要作用是构成体内组织细胞，也是形成骨骼的主要成分，并且可以调节血液、淋巴渗透压的恒定，维持调节血液酸碱平衡，影响体内其他物质的溶解度，及对酶起催化而促消化的作用。

（1）钙和磷　鸡体内含量最多的矿物质是钙和磷，占体重的 1%～2%；主要存在于骨骼中，其余在软组织和血液、体液中。蛋壳的形成主要靠钙、磷。生长鸡所需钙、磷比产蛋鸡少。鸡体所需的钙、磷不能通过其他物质转化，只能依靠日粮补给。

鸡所需的钙、磷的来源很多，各种谷麸、豆饼、菜子饼中都含有钙、磷。补钙最经济的办法是喂石灰石粉、贝壳粉或蛋壳粉。而磷的利用率较低，除骨粉外，植物中有机磷只有30％被利用。所以对植物饲料中植酸磷，即有机磷只能利用30％，而对骨粉、鱼粉等动物骨骼的无机磷能利用80％～100％，所以无论什么鸡都应重视这一问题。钙、磷吸收与维生素D有直接关系，如维生素D，尤其是维生素D_3缺乏，会影响钙、磷吸收，一般加喂维生素D_3即可解决。

鸡对钙、磷的利用，多年来人们总结出一个钙、磷比例的规律。有资料报道，生长鸡钙、磷比是1.2～1.5：1，产蛋期是5～6：1。根据对宫廷黄鸡饲养的经验，黄鸡种鸡钙、磷比生长期1.3：1，产蛋期4.5：1最为适宜。商品肉鸡6周前1.4：1，7～13周1.3：1，13周后1.25：1最为适宜。但如蛋白和钙超出需要量则会引起痛风病。

（2）钠、氯、钾　钠在鸡体内占0.07％，存在于骨骼中和细胞外体液中，以及血清中。氯在血液阴离子中占1/3。90％的钾存在于细胞内。

钠和氯维持细胞外体液渗透压，并参与水的代谢作用，活化消化酶，刺激唾液分泌。鸡体内不能贮存钠，只能从日粮中补食盐。钾在鸡体内主要起酶的活化、组织蛋白合成、心肾正常活动的作用。钾在植物中含量较多，一般日粮能够满足鸡对钾的需要，不需另外补给。

（3）镁和硫　镁是鸡骨骼的重要成分，是多种酶类的活化剂，在糖和蛋白中起着重要的代谢作用。镁与钙、磷有互相影响的作用。日粮中如镁含量过高，则影响钙、磷在鸡体内沉积，而钙、磷含量过高，影响镁的吸收。鸡对镁的需要量占日粮的0.05％。

硫存在于鸡体蛋白、羽毛和鸡蛋内。硫在羽毛中占2％，它与钙、磷和碳水化合物代谢有关。硫缺乏时，鸡脱羽或换羽迟，并有拉稀现象。

宫廷黄鸡对镁和硫的需要量未作过测试，但由于该品种长羽毛多，所以需要量要比其他品种鸡多。饲料配方中可适当增加含镁量高的谷糠、麸皮等。

5. 微量元素　鸡体生长、发育还需要很少量的铁、铜、钴、锰、锌、钼、碘、硒等矿物质。这些矿物质称为微量元素。

（1）铁、铜、钴　铁、铜、钴主要功能是参与血液构成，尤其是与血红蛋白的形成关系密切。在体内起代谢作用，缺一不可，否则将出现营养性贫血，造成青年鸡生长发育不良，产蛋率下降。铁是血红素、肌红素的组成成分，鸡体内60%的铁在红细胞中，20%在肝、脾、肾和骨髓中，其他的在肌肉和酶系统中。铜大部分在血浆中，铁被鸡体吸收如无铜则不能有效地参与血红蛋白的形成。钴主要存在于肝和脾中，是维生素B_{12}的组成成分。

在每千克日粮中铁含量80 mg，铜5～8 mg，比较适宜。一般饲料中钴的含量能满足鸡的需要不需另加入。补充铁用硫酸亚铁，铜用硫酸铜。

（2）锰、锌、碘　锰、锌主要存在于鸡的肌肉、鸡蛋、皮肤和羽毛中，主要功能是提高繁殖率，能促进各种酶的活性。碘主要存在于甲状腺和蛋黄中，能促进新陈代谢。

每千克鸡的日粮中应含锰55 mg，锌35 mg，碘0.1～0.2 mg。超量则会引起鸡中毒。粗纤维含量高的饲料中含有以上3种微量元素。饲料中多以硫酸锌、硫酸锰、碘化钾形式添加，但一定要按纯含量计算重量，不可疏忽。

（3）硒、钼　硒遍布鸡及其他动物细胞中，能促进生长鸡发育，延长细胞生命。缺硒鸡是患白肌病。除东北玉米缺硒外，其他地区饲料原料一般能满足鸡对硒的需要量。每千克饲料含硒应为0.1～0.2 mg。补充硒多以亚硒酸钠为原料。因硒的补给量少，为使饲料含硒量均匀，多用喷雾方法添加于饲料中。

钼是黄嘌呤氧化酶的必要成分，能提高鸡增重速度。每千克日粮含钼0.01 mg即可。因饲料中含量能满足鸡的需要，一般不另补加。

宫廷黄鸡日粮中对钼没有特殊需要。按一般蛋鸡量即能满足需要量。

6. 维生素　鸡对维生素的需要量甚微，但它们对机体内物质代谢作用却很重要，决不能忽视。鸡不同于水禽，不能通过消化道内微生物合成维生素。家鸡又不如野禽能采食富含维生素的昆虫及草叶等青绿饲料，所以必须在饲料中添加需要量的维生素。

饲料中有足量的维生素，鸡体健康，繁殖率提高。否则，鸡易患代谢疾病，繁殖率降低。

已知鸡日粮中需要13种维生素。这些维生素分为脂溶性和水溶性两大类。

（1）脂溶性维生素　脂溶性维生素包括维生素A、维生素E、维生素K和维生素D。脂溶性维生素，只溶解于脂肪、乙醇、乙醚、氯仿等有机溶剂，不溶于水。所以，任何增加脂肪吸收的条件都增加脂溶维生素吸收。所有动物体有脂肪的部分都有脂溶性维生素存在。

维生素A与胡萝卜素：维生素A功能很多，主要作用是：维持、保持鸡体呼吸道、消化道、生殖道上皮细胞黏膜完整、健全，促进鸡生长与发育；能防止出现夜盲症，并保持、维持神经系统稳定和健康。鸡缺乏维生素A时则出现上皮组织干燥和角质化，使其分泌机能减弱，发生干眼病，甚至造成失明。生长鸡如缺乏维生素A则出现消化不良，羽毛蓬乱无光泽，生长速度缓慢等症状。纯维生素A为淡黄色结晶体，缺氧时对高温稳定，有氧时能迅速氧化分解，紫外线照射亦可使其破坏。动物性饲料中含维生素A最丰富，如鱼肝油、蛋黄、乳汁等。植物性饲料中含胡萝卜素，胡萝卜素是维生素A原，胡萝卜素可以通过鸡的消化器官转化成维生素A，饲料中的胡萝卜素可视同于维生素A。维生素A对于宫廷黄鸡饲料是必不可少的，它还具有增加皮肤黄色的作用。

维生素D：维生素D参与钙、磷代谢，促使鸡对钙、磷的吸收。如果饲料中缺少维生素 D，则会使生长鸡生长缓慢，甚至出现软骨症，繁殖率降低。鸡需要的维生素 D 主要是维生素 D_2 和维生素 D_3。维生素 D_2 比维生素 D_3 活性高 $20\sim30$ 倍。维生素 D_2 和维生素 D_3 分别由植物内麦角固醇和动物皮肤内——脱氢胆固醇经阳光紫外线照射转变而来。所以对于封闭式鸡舍养鸡必须补充维生素 D，否则会出现维生素 D 缺乏症。对于宫廷黄鸡按一般蛋鸡需要量供给即可。

维生素 E：维生素 E 又称育酚。维生素 E 不能在鸡体内合成，但能在机体内各器官和组织贮存。维生素 E 耐热，但在光线下易氧化后失效。维生素 E 的主要功能有：起抗氧化作用，能防止脂类氧化，延长不饱和脂肪酸的生物功能，并且有保护细胞内部结构完整，防老化作用。维生素 E 还具有提高受精率和孵化率，抗应激作用。如缺乏维生素 E，鸡可患脑软化症，繁殖率降低。植物性饲料维生素 E 含量比动物性饲料高，谷类胚中含量最丰富。鸡饲料中因植物性饲料占比高，一般不缺乏维生素 E。宫廷黄鸡商品代后期饲料添加脂肪，尤其是高温气候应添加占日粮 0.001% 的维生素 E。

维生素 K：维生素 K 又称止血维生素。维生素 K 有天然和化合物两种：维生素 K_1 和维生素 K_2。维生素 K 是家禽维持正常凝血所必需的成分。雏鸡缺乏维生素 K 时，易患出血病，会导致大量出血，出现翼下出血，冠苍白，死前呈蹲坐姿势。产蛋鸡缺乏维生素 K 时后代雏也会出现出血症。已知维生素 K 有 4 种。维生素 K_1 在青绿饲料和大豆中含量丰富。维生素 K_2 能在鸡肠道内合成。维生素 K_3 和维生素 K_4 是化学合成物，补充维生素 K 常用维生素 K_3 和维生素 K_4。鸡长时间用抗生素时对维生素 K 的利用率会降低。

（2）水溶性维生素　水溶性维生素都能很好地溶于水，并很快被肠道吸收，进入血液循环。水溶性维生素主要从尿中排出，其次是由粪中排出，体内不能久存，所以不易发生过量中毒。

水溶性维生素含有碳、氢、氧和氮。有些水溶性维生素还含有矿物质，如维生素 B_1 和维生素 B_2 含硫，维生素 B_{12} 含钴和磷。部分 B 族维生素可在鸡消化道内由微生物合成，但合成量不能满足鸡只需要，所以，维生素 B_1、维生素 B_2、维生素 B_3、维生素 B_4、维生素 B_5、维生素 B_6、维生素 B_{11} 和维生素 B_{12} 共 8 种在鸡日粮中必须具备。

维生素 B_1：维生素 B_1 又称硫氨素。它参与碳水化合物代谢，促进肠胃消化。雏鸡对缺乏维生素 B_1 敏感，一般 10 天后出现神经性麻痹，有的出现皮炎，仰脖症状。维生素 B_1 对高温不稳定，饲料蒸煮后会被破坏。糠麸、青绿饲料、豆类、发酵饲料、酵母粉中含量丰富。宫廷黄鸡对维生素 B_1 用一般蛋鸡量即能满足，如缺乏则神经症状明显。

维生素 B_2：维生素 B_2 又称核黄素，是构成细胞黄酶的辅基，参与碳水化合物和蛋白质的代谢，是鸡体较易缺乏的一种维生素。维生素 B_2 缺乏时雏鸡生长缓慢，下痢，足趾弯曲，用踝部行走，并发生结膜炎和角膜炎。产蛋种鸡产蛋率下降，孵化出现死胚，11 天死亡率最高。核黄素在酸性、中性水中耐热，受碱和紫外线照射后被破坏，因此应避光保存。

维生素 B_3：维生素 B_3 又称泛酸，是辅酶 A 的组成成分，在碳水化合物和蛋白质、脂肪的代谢中起重要作用。它在饲料中缺乏时，雏鸡生长受阻，常发生皮炎，口流黏性分泌物，不能睁眼，嘴角、肛门结痂皮，繁殖率受影响。维生素 B_3 在糠麸中含量较高，一般宫廷黄鸡不需另补加。

维生素 B_5：维生素 B_5 又称烟酸、尼古酸和维生素 PP，它在鸡体内构成脱氢酶的辅酶成分，和蛋氨酸一起参与细胞呼吸和代谢作用。雏鸡对维生素 B_5 的需要量比成鸡高，如缺乏维生素 B_5，鸡只会出现食欲减少，脱绒换羽慢，踝关节肿大。种鸡缺乏时，孵化率降低。一般多汁饲料、酒糟、酵母中维生素 B_5 含量高。宫廷黄鸡种鸡饲料一般不缺乏，商品代 5～8 周龄生长速度快，应注意补加。

维生素 B_6：维生素 B_6 又称吡哆醇，是脱氨酶、转氨酶、脱羧酶等多种酶的成分，参与各种营养物质的代谢。在肝中它与血红蛋白的生成有关，对防止某种贫血有一定作用。维生素 B_6 缺乏时，雏鸡异常兴奋，惊跑，最后出现痉挛而死亡。饲料中糠、胚芽、酵母中均有维生素 B_6，到目前为止未发现宫廷黄鸡有维生素 B_6 缺乏症。

维生素 B_{11}：维生素 B_{11} 又称叶酸，具有抗贫血的作用，在肝和骨骼中对红细胞形成起着促进作用。并且是生长鸡羽色形成及红细胞生成的必需物质。鸡体内维生素 B_{11} 依靠肠道微生物合成，成年鸡一般不缺乏。青年鸡消化机能差，或为促生长，长期喂抗生素药物，也影响维生素 B_{11} 的合成，往往出现缺乏症，发生贫血。一般绿色植物、动物脏器中含维生素 B_{11} 丰富。宫廷黄鸡在感染球虫病后往往需要在每千克饲料中补加 2 mg。

维生素 B_{12}：维生素 B_{12} 又称氰钴素，是到目前为止，发现含金属钴的唯一维生素。维生素 B_{12} 在中性和微酸性环境中均稳定，受热、阳光照射易分解失效。它的主要功能是：防止恶性贫血，参与蛋氨酸、色氨酸及核酸的代谢，提高植物性蛋白质的利用率，促进青年鸡的生长。缺乏维生素 B_{12}，常出现肌胃黏膜炎症，雏鸡生长不良，种蛋孵化 1 周胚胎死亡。每千克日粮中应加入 $8\sim10\ \mu g$ 维生素 B_{12}。宫廷黄鸡对维生素 B_{12} 没有发现特殊需要。

维生素 B_4（胆碱）：胆碱主要功能是抗脂肪肝。胆碱可促进氨基酸的再形成，尤其是提高蛋氨酸的利用率。目前测得鸡对胆碱的利用率占 65%。胆碱不足，易引起脂肪肝，产蛋率下降。豆饼、鱼粉中含量丰富，一般饲料中不缺乏胆碱。宫廷黄鸡种鸡不易发生胆碱缺乏，而商品肉鸡无鱼粉饲料，后期又需加脂肪，需每千克饲料中胆碱达到 $8\sim12\ \mu g$。

维生素 C：维生素 C 又称抗坏血酸。维生素 C 不属 B 族维生素，也是水溶性维生素。主要功能是，促进肠道对铁的吸收，调节酪氨酸、色氨酸代谢和脂类胆固醇的代谢，健全骨骼，增加机体抵抗病力。维生素 C 广泛分布于青绿饲料中，一般鸡饲料中不缺乏。宫廷黄鸡商品代后期易缺乏，每千克饲料含量应达到 5～8 μg。

二、宫廷黄鸡的营养标准

1. 宫廷黄鸡的营养特点 宫廷黄鸡两两系配套，均是国内地方品种杂交组合。在营养需要上，为提高生产效率都进行了人工选择，促使种鸡开产逐代提前，在零世代 A 系、B 系 27 周龄个别开产 29 周龄产蛋率 5％，第六世代 22 周龄开产，24 周龄产蛋率 7.14％，27 周龄产蛋率 47.8％。C 系、D 系零世代 22 周龄开产，24 周龄产蛋率 5％，27 周龄产蛋率 50.7％，72 周龄每只母鸡平均产蛋 137 枚；而第六世代 19 周龄开产，21 周龄产蛋率 5％，25 周龄产蛋率达 50％以上，72 周龄每只母鸡平均产蛋 173.2 枚。此后基本稳在这个水平上。商品鸡饲料转化率由一世代的肉料比 4 到五世代 3.3～3.5。这些生产率的提高都与营养标准的提高有直接关系。现在宫廷黄鸡营养标准已超过我国地方品种，种鸡近似褐壳蛋鸡饲养标准。商品肉鸡与三黄鸡基本相同。

2. 种鸡营养标准 祖代、父母代鸡营养标准是有区别的，列于表 5－1 至表 5－3 中，供参考。

表 5－1 宫廷黄鸡祖代、父母代生长期营养标准

营养成分	0～6 周龄	7～14 周龄	15～21 周龄
代谢能（MJ/kg）	11.92	11.72	11.51
粗蛋白（％）	19.0	16.0	13.0
蛋白能量比	15.93	13.65	11.29
钙（％）	0.99	0.75	0.60
有效磷（％）	0.55	0.50	0.40
食盐（％）	0.37	0.37	0.37

（续）

营养成分	0～6 周龄	7～14 周龄	15～21 周龄
蛋氨酸（%）	0.31	0.26	0.20
胱氨酸（%）	0.28	0.23	0.19
赖氨酸（%）	0.83	0.59	0.43
色氨酸（%）	0.17	0.14	0.11
精氨酸（%）	0.98	0.82	0.65
亮氨酸（%）	0.98	0.82	0.65
异亮氨酸（%）	0.59	0.49	0.39
苯丙氨酸（%）	0.53	0.44	0.35
酪氨酸（%）	0.27	0.37	0.30
苏氨酸（%）	0.55	0.46	0.36
缬氨酸（%）	0.25	0.21	0.16
甘氨酸＋丝氨酸（%）	0.68	0.57	0.45

表 5-2　宫廷黄鸡祖代、父母代产蛋营养标准

营养成分	产蛋率 65%～80%	产蛋率 45%～64%	产蛋率 44%以下
代谢能（MJ/kg）	11.51	11.51	11.51
粗蛋白（%）	16.50	15.00	14.00
蛋白能量比	11.51	13.03	12.16
钙（%）	3.50	3.25	3.00
总磷（%）	0.65	0.60	0.60
有效磷（%）	0.42	0.40	0.40
食盐（%）	0.37	0.37	0.37
蛋氨酸（%）	0.29	0.27	0.25
胱氨酸（%）	0.26	0.23	0.15
赖氨酸（%）	0.66	0.60	0.56
色氨酸（%）	0.12	0.11	0.10

（续）

营养成分	产蛋率65%～80%	产蛋率45%～64%	产蛋率44%以下
精氨酸（%）	0.88	0.80	0.75
亮氨酸（%）	1.32	1.20	1.12
异亮氨酸（%）	0.55	0.50	0.47
苯丙氨酸（%）	0.44	0.40	0.37
酪氨酸（%）	0.44	0.40	0.38
苏氨酸（%）	0.44	0.40	0.37
缬氨酸（%）	0.55	0.50	0.47

表 5 - 3　宫廷黄鸡种鸡维生素标准

维生素	0～8 周龄	9～20 周龄	21～72 周龄
维生素 A（IU/kg）	1 200.00	1 100.00	1 000.00
维生素 D（IU/kg）	1 500.00	900.00	750.00
维生素 E（IU/kg）	20.00	20.00	20.00
维生素 K（IU/kg）	1.00	1.00	1.00
维生素 B_1（硫氨素），（g/t）	4.00	4.00	4.00
维生素 B_2（核黄素），（g/t）	5.00	5.00	5.00
维生素 B_3（泛酸），（g/t）	17.00	15.00	12.00
维生素 B_6（吡哆醇），（g/t）	8.00	8.00	9.00
维生素 H（生物素），（g/t）	0.25	0.25	0.20
维生素 B_4（胆碱），（g/t）	1 500.00	1 400.00	1 500.00
维生素 B_{12}（氰钴素），（g/t）	7.50	7.50	8.00

注：宫廷黄鸡微量元素标准按中型蛋种鸡需要添加。

3. 商品鸡营养标准　因宫廷黄鸡生长期长达17周，故其商品代对营养的需要不如白羽肉鸡那样严格，但比蛋鸡要求生长快，因此应予以重视。尤其是宫廷黄鸡是以药用为主，所以在营养上更要慎重。宫廷黄鸡商品代营养标准见表 5 - 4。

表 5-4　宫廷黄鸡商品代营养标准

营养成分	0~6 周龄	7~12 周龄	13~17 周龄
代谢能（MJ/kg）	12.13	12.13	12.55
粗蛋白（%）	19	18	17
钙（%）	0.95	0.85	0.85
有效磷（%）	0.45	0.42	0.38
赖氨酸（%）	0.90	0.80	0.70
蛋氨酸（%）	0.47	0.45	0.43
蛋氨酸＋胱氨酸（%）	0.67	0.61	0.50
精氨酸（%）	1.00	1.00	0.80
异亮氨酸（%）	0.73	0.68	0.61
亚油酸（%）	1.20	0.90	0.80
粗纤维（%）	3.00	3.10	2.75
食盐（%）	0.37	0.35	0.35
雏多维（g/t）	150	130	120
铜（g/t）	7	8	8
铁（g/t）	75	70	70
锌（g/t）	40	35	40
锰（g/t）	55	50	55
硒（g/t）	1.5	1.5	1.5
碘（g/t）	3.5	3.5	3.5

　　注：该表微量元素均为纯的，注意原料校对。

三、宫廷黄鸡的饲料

　　1. 宫廷黄鸡饲料的特殊性　宫廷黄鸡是药肉兼用品种，所以使用的饲料原料要力求达到无化学污染。《本草纲目》记述作为药用的鸡有 8 种，雌黄鸡是其中之一。那个时代鸡是喂天然饲料的，不可能有什么化学污染，所以自然生长的鸡才具有药用价值；当今时代化学工业发达，饲料原料中尤其是添加剂中有很多是工业生产的化学药品，这样尽管鸡种和古代的药鸡相同，但肉质已被改变，要使鸡为药，就需要在饲料原料中选择纯天然的绿色原材料，养出具有药用价值的宫廷黄鸡。

宫廷黄鸡所用的饲料原料基本和其他三黄鸡相同，商品鸡则区别很大。宫廷黄鸡优良的肉质是其他鸡无法相比的，究其原因，一是品种；二是饲料。要使鸡肉无腥味，一是用无鱼粉饲料配方；二是用中药添加剂替代各种抗生素药物。中药添加剂是以增强鸡抗病能力，防病为主。

2. 宫廷黄鸡的饲料原料　宫廷黄鸡的饲料原料与其他褐壳蛋鸡相同。现将对宫廷黄鸡有特殊作用的饲料原料作简要介绍。

（1）能量饲料原料　鸡的能量饲料原料很多，其中包括玉米、高粱、谷子、小米、碎大米、小麦、大麦等。

玉米：玉米主要是供应代谢能，其次起到维生素的补充作用。而对宫廷黄鸡则有另一重要作用，就是黄色素。鸡的"三黄"特性来自遗传和饲料黄色素在体内的沉积。宫廷黄鸡饲料配方中玉米占55％～60％。商品鸡料中必须用黄色玉米，而且用年生长一茬的黄玉米、子实饱满、色金黄或红黄最佳。北京西北山区、河北承德、张家口等地区，年生产一茬玉米，只施有机肥不使化肥的玉米是药肉兼用鸡的上乘原料。

糠麸和叶粉：宫廷黄鸡肉中谷氨酸的含量占4％以上，这主要是由品种生化转化特性决定，其次与饲料中玉米和糠麸有关。宫廷黄鸡由几个地方鸡种杂交配套而育成，消化粗纤维机能优于白羽肉鸡和标准蛋鸡。饲料配方中糠麸占5％～8％。叶粉以苜蓿粉、榆叶粉、槐叶粉最好，糠麸以小米细糠和麦麸为好，大米细糠也可使用。

脂肪：宫廷黄鸡商品鸡后期饲料需加2％～3％的脂肪。脂肪以豆油、菜子油、花生油等植物脂肪为好。脂肪酸中带有膻味的羊、牛等动物油最好不加。这类油脂添加后往往会使膻味沉积，鸡肉味不佳，影响宫廷黄鸡品质。

（2）蛋白饲料原料　蛋白饲料原料品种很多，其中主要有植物类大豆、亚麻、菜子、棉子、花生、芝麻、向日葵饼粕，及动物类的鱼粉、肉粉、蚕蛹粉、血粉、酵母粉等。

宫廷黄鸡种鸡饲料中加入动植物蛋白饲料均可，而商品鸡最好使用无鱼粉饲料配方，尤其是出栏前1个月禁止使用鱼粉，以保证肉质鲜美无腥味。如使用无鱼粉配方，可以添加蛋氨酸以使氨基酸达到平衡。

宫廷黄鸡无论种鸡还是商品鸡饲料配方中的棉仁饼、菜子饼、亚麻饼不能超过5％。否则，对鸡生长发育和生产均有影响。商品鸡饲料配方中加一定量花生饼则可提高肉质鲜美程度，并且由于花生饼中含氨基酸和十八碳花生油酸高，生产出的商品鸡屠体美观。

夏季由于天气炎热，宫廷黄鸡同其他品种鸡一样饮水多，腹泻严重，影响鸡的发育生长和繁殖能力。根据经验，饲料配方中减少5％玉米和5％其他饼粕，增添含单宁的高粱5％，亚麻饼5％，可防止鸡腹泻。

（3）矿物质和微量元素饲料原料　宫廷黄鸡除钙、磷外需要补给外，其他一般不需补给。通常补给石灰石小粒或粉即可补充钙的不足。补给蒸煮骨粉、贝壳粉即可满足磷的需要。磷也可用磷酸三钙、磷酸氢钙补给。只要按有效磷计算能达到营养指标就能满足宫廷黄鸡对磷的需要，即使不加鱼粉也不会出现代谢病。

历史上家禽就是靠吃谷类子实等植物性饲料和昆虫等动物性饲料生长，不添加微量元素，随着科学的发展，饲养方式的改变，配合饲料的应用，微量元素也需要单独补给。目前，有专门厂家生产微量元素添加剂，但如能自行配制则更好，可以做到现用现配，保证质量。

（4）饲料和饲料原料的保管与使用　饲料和饲料原料如不注意存放条件和存放要求，会降低饲料的营养，甚至是破坏饲料的营养，造成经济损失，故应加以重视。

玉米、高粱等子实类饲料原料的保存：玉米、高粱、大麦、小麦这类原料应在含水量15%以下才能装袋保存。水分在15%～18%，冬、秋、春季可以装袋保存，气温超过18℃时则开始有发热现象。这时应立刻倒垛，不然就要发霉变质。存放时应在平地上用砖石垒垛，上面用木料作横梁，铺席子码放。玉米等一般以7个袋高码放，并且不能靠墙，这样通风透光，而且便于检查。

饼粕类的保存：饼类一般呈圆形，且很结实，中间水分很难散发，水分含量在13.5%以下可不变质，超过13.5%则中间变质，外观不明显，超过15%里外变质明显。饼类保管最好是用钢筋焊成2 m³的栏子，放进饼后，底部和四周应通风。饼应立起来码放，决不能垒垛。凡垒垛的，接触紧实的面，多有发霉现象。粕应像玉米一样独立码垛保存。

矿物质和微量元素原料保存：骨粉本身含水分，同时也吸收空气中的水分，空气中相对湿度70%，骨粉也会腐败变成黑色，所以也应如玉米一样保存。石粉也吸水分，夏季或湿度大的地区也应将石粉放于干燥通风的地方。微量元素没有混合前应分品种放置在瓷缸或玻璃容器中，千万不要混合后存放，以免造成氧化、失效。维生素、氨基酸在饲料原料中最贵重，不论多少更应单项存放，使用时再开包装，开包后应立刻用完。

成品饲料的存放和使用：成品饲料的粉料湿度大时应在10天内用完，这样维生素、微量元素不会失效。存放时每堆不超过10包，并且应距离地面和墙30 cm。每个品种都应单独存放。夏季炎热时，有条件的晚上用电风扇吹2 h以使空气流通、干燥，并能降温。为妥善保管，饲养员每天只领当天的料，以防在鸡舍受到鸡粪和鸡毛的污染。

四、宫廷黄鸡的饲料配方

1. 种鸡饲料配方 宫廷黄鸡是由地方品种组合育成的，所以接近我国地方品种，由能量到蛋白质都不能超过标准蛋鸡。如果按标准品种饲料配方就应控制日采食量，不然腹脂过多沉积，会影响产蛋率，产蛋下降。另外，宫廷黄鸡性成熟经过人工选择，其发育仍然比标准蛋鸡和艾维茵、AA 鸡慢，所以由雏鸡至育成鸡阶段能量、蛋白质、维生素和微量元素均低于标准鸡，如果过高则欲速而不达，反而浪费资金。

宫廷黄鸡种鸡采用一般中型蛋用种鸡配方即可。笔者提供一套配方（表 5-5），供参考使用。

表 5-5　宫廷黄鸡种鸡建议饲料配方

原料（%）	雏鸡 0～6 周龄	中雏 7～13 周龄	大雏 14～21 周龄	产蛋高峰（产蛋率 70% 以上）	产蛋后期（产蛋率 70% 以下）
玉米	61.1	61.8	66.05	61.0	63.15
豆粕	25.5	16.0	14.0	15.0	14.0
麸皮	5.0	15.5	9.3	6.7	7.5
菜子粕	3.0	2.0	5.0	5.0	3.0
亚麻粕	—	—	—	—	2.5
进口鱼粉	2.0	1.0	2.0	2.0	2.0
石灰石粉	0.6	0.5	1.2	7.0	5.0
骨粉	1.5	2.0	1.2	2.0	1.5
食盐	0.3	0.2	0.25	0.3	0.35
添加剂	1.0	1.0	1.0	1.0	1.0

（续）

原料（%）	雏鸡 0～6周龄	中雏 7～13周龄	大雏 14～21周龄	产蛋高峰（产蛋率70%以上）	产蛋后期（产蛋率70%以下）
营 养 水 平					
代谢能（MJ/kg）	12.13	11.63	11.72	11.51	11.51
粗蛋白（%）	20.10	15.60	15.00	16.50	15.10
钙（%）	0.91	0.90	0.93	3.00	2.80
有效磷（%）	0.47	0.37	0.41	0.35	0.32
赖氨酸（%）	0.88	0.68	0.71	0.79	0.79
蛋氨酸＋胱氨酸（%）	0.83	0.51	0.64	0.51	0.48
蛋氨酸（%）	0.45	0.32	0.35	0.24	0.23
色氨酸（%）	0.22	0.59	0.63	0.21	0.20

2. 商品鸡饲料配方 宫廷黄鸡是药肉兼用鸡，所以商品鸡饲料除微量元素、多种维生素外，均要求用无污染饲料，对原料选择比较严格。为达到无任何抗生素残毒、无腥味，除饲料原料外，还要解决防病问题，通过多年实践，用中草药是较好的方法，既能使鸡体健康，生长速度增快，又能提高饲料转化率，还能增加"三黄"的黄色深度。为使饲养都具有选择性，现提供两套宫廷黄鸡商品鸡的饲料配方供参考。第一套（表5-6）是中期之前有鱼粉，后期无鱼粉的配方；第二套（表5-7）是无鱼粉的配方。如果商品鸡出口建议用第二套配方。

表5-6 宫廷黄鸡商品代饲料配方之一

原料（%）	0～6周龄	7～12周龄	12～17周龄
玉米	62.00	65.00	73.80
麦麸	3.90	6.50	2.25
豆粕	27.68	23.07	20.47
进口鱼粉	3.00	2.00	
石灰石粉	0.60	0.75	0.64

（续）

原料（%）	0~6周龄	7~12周龄	12~17周龄
磷酸三钙	1.46	1.35	1.44
食盐	0.25	0.25	0.35
蛋氨酸	0.11	0.08	0.05
添加剂	1.00	1.00	1.00
营 养 水 平			
代谢能（MJ/kg）	12.13	12.13	12.55
粗蛋白（%）	20.00	18.00	16.00
钙（%）	0.95	0.90	0.80
有效磷（%）	0.45	0.40	0.35
蛋氨酸+胱氨酸（%）	0.67	0.60	0.50
赖氨酸（%）	0.90	0.96	0.70

表 5-7 宫廷黄鸡商品代饲料配方之二

原料（%）	0~6周龄	7~12周龄	12周龄以上
玉米	62.64	65.50	73.93
麦麸	3.90	6.67	2.30
豆粕	28.00	23.40	21.30
进口鱼粉	3.00	2.00	
石灰石粉	0.64	0.75	0.63
食盐	0.25	0.25	0.35
磷酸三钙	1.46	1.35	1.44
蛋氨酸	0.11	0.08	0.05
营 养 水 平			
代谢能（MJ/kg）	12.13	12.13	12.13
粗蛋白（%）	20.00	18.00	16.00
钙（%）	0.95	0.90	0.80
有效磷（%）	0.45	0.40	0.35
蛋氨酸+胱氨酸（%）	0.67	0.60	0.50
赖氨酸（%）	0.90	0.82	0.70

3. 如何调整配方中原料的配比　试验证明，宫廷黄鸡的营

养标准基本是准确的。对于配方来讲为达到营养指标是可变的，因为玉米、高粱、大豆等原料产地不同，生长期不同，所以同一品种营养成分也有差异。另外，各季节不同的温度鸡所需要的能量也不同，就需要提高能量。再如夏天炎热鸡采食量减少，仍需要正常的能量、蛋白能量，所以就需要调整原料，增加能量和蛋白质的百分比。

（1）常规饲料原料的调整　玉米是主要的能量饲料，在鸡料中一般占 55％～65％，如黄玉米缺乏可减少其用量，增加高粱、大麦用量。麸皮缺乏可改换小米细糠和大米细糠。但鸡不能用小麦次粉，因有一定黏性，鸡不易进食。

进口鱼粉蛋白质含量最高，质量最好，如用国产鱼粉代替，就应减少食盐添加量，并注意补加蛋氨酸和胱氨酸。豆粕质量最佳，其次是花生仁粕。如用棉仁粕、菜子粕、亚麻粕代替仅是一部分，并且每个配方中以上各项都不能超过 5％。棉仁粕含有棉酚，过量会影响鸡只繁殖率；菜子粕含氢氰酸，过量会引起鸡只中毒；亚麻粕中含有单宁，过量会影响饲料适口性。

石灰石粉和贝壳粉之间的选择，主要根据它们含钙量来调整。骨粉和磷酸钙对鸡均无不良影响，可根据应用成本去调整。

（2）营养素和微量元素的用量　宫廷黄鸡对维生素要求介于蛋鸡和肉鸡之间。雏鸡 0～6 周龄每吨饲料中加 130～150 g，7～13 周龄每吨饲料中加 120～130 g，种大雏每吨饲料中加 120～130 g，产蛋高峰每吨饲料中加 120 g。关于商品鸡，由于其生长速度要求比蛋鸡快，所以每吨饲料中各期维生素用量都比种鸡提高 10％左右。

有条件的可以单项购维生素按营养标准自己配制。天气炎热，阳光照射，湿度大都会使维生素发生氧化作用，从而降低效率，所以夏天每吨饲料中维生素添加量都应比原标准增加 5％～10％。

蛋氨酸、赖氨酸的添加，主要根据各配方各原料合计后，不足部分补加。

微量元素主要根据饲料原料中存有量,不足部分补加。宫廷黄鸡种鸡营养指标可以按中型鸡系列,而商品鸡可介于白羽快大鸡和中型鸡之间。一般每项比蛋鸡增加 10%～15%,冬秋季增加 10%,夏季增加 15%。

(3) 中药添加剂 中药添加剂以杀灭病菌增加抗体为目的,并兼有增加黄色素的作用。如陈皮、胡萝卜干粉等,每千克饲料各加 20～30 g,即能生效。

第六章

宫廷黄鸡的饲养标准

通过对中华宫廷黄鸡20多年保种育种，笔者和同事总结整理出了种鸡与商品鸡的饲养标准。该标准还有很多不完善的地方，仅供参考。种鸡是指祖代、父母代，原种另有。种鸡有公有母，公鸡自然日摄食量高，而母鸡摄食量低，该标准是依10公1母的比例试验的标准。商品鸡8周后便可识别公母，为公鸡抢食不扰母鸡采食，为此从9周开始有条件的场一定要公母分养，喂料量区别对待。

现将中华宫廷黄鸡种鸡生长期（表6-1），产蛋期（表6-2）和商品鸡（1～8周龄）（表6-3），商品鸡（9～17周龄）（表6-4）饲养标准介绍如下。表中指标只供参考，因日耗料量受饲养方式，如笼养、散养、放养的制约；受气温的影响，所以要灵活运用。

表6-1 种鸡育成期饲养标准

周龄	日龄	父（公鸡）系			母（母鸡）系			累计成活率（%）
		日耗料（g/只）	累计耗料（g）	周末体重（g）	日耗料（g/只）	累计耗料（g）	周末体重（g）	
1	0～7	10	70	80	10	70	75	99.0
2	8～14	20	210	130	20	210	120	98.6
3	15～21	27	399	210	23	371	200	98.3
4	22～28	32	623	310	28	567	300	98.1
5	29～35	37	882	420	33	798	400	98.0

（续）

周龄	日龄	父（公鸡）系			母（母鸡）系			累计成活率（%）
		日耗料（g/只）	累计耗料（g）	周末体重（g）	日耗料（g/只）	累计耗料（g）	周末体重（g）	
6	36～42	42	1 176	520	38	1 064	500	97.6
7	43～49	47	1 501	630	43	1 365	600	97.4
8	50～56	50	1 855	730	48	1 701	700	97.2
9	57～63	52	2 219	840	51	2 058	800	97.0
10	64～70	55	2 604	940	53	2 429	900	96.9
11	71～77	57	3 030	1 020	56	2 821	990	96.8
12	78～84	60	3 423	1 100	58	3 227	1 080	96.6
13	85～91	62	3 857	1 190	61	3 654	1 170	96.4
14	92～98	65	4 312	1 280	63	4 095	1 260	96.3
15	99～105	67	4 781	1 370	66	4 557	1 350	96.2
16	106～112	70	5 271	1 450	68	5 033	1 430	95.8
17	113～119	75	5 775	1 540	71	5 530	1 510	95.5
18	120～126	85	6 314	1 630	75	6 055	1 590	95.2
19	127～133	95	6 874	1 710	90	6 615	1 670	95.1
20	134～140	115	7 539	1 880	100	7 210	1 750	95.0

表6-2 种鸡生产（产蛋）期饲养指标

项目 周龄	周产蛋率（%）	累计产蛋（枚/只）	日耗料（g/只）	累计耗料（kg/只）	耗水（L/g）	周受精率（%）	孵化率（%）
21	5	0.35	95	0.665	0.18	76.0	
22	28	2.31	100	1.365	0.18	83.1	
23	47	5.6	105	2.03	0.19	95.4	65.0
24	61.9	9.93	108	2.786	0.20	86.0	74.0
25	65.8	14.43	113	3.577	0.21	88.1	78.0
26	66.2	19.10	116	4.389	0.22	89.4	81.0

（续）

项目 周龄	周产蛋 率（%）	累计产 蛋（枚/只）	日耗料 （g/只）	累计耗料 （kg/只）	耗水 （L/g）	周受精 率（%）	孵化率 （%）
27	66.2	23.73	118	5.215	0.23	90.5	83.0
28	65.0	28.28	118	6.041	0.24	92.1	85.0
29	62.7	32.67	120	2.284	0.24	93.5	87.0
30	59.0	36.80	120	3.124	0.24	94.5	88.0
31	59.0	40.93	120	3.964	0.25	95.5	90.0
32	58.2	45.00	120	4.804	0.25	95.7	92.0
33	57.0	48.99	120	5.644	0.245	96.0	93.0
34	55.4	52.87	118	6.47	0.245	96.0	93.0
35	55.0	56.72	118	7.296	0.242	96.0	93以上
36	54.9	60.56	115	8.101	0.242	96.0	93以上
37	54.3	64.36	115	8.906	0.242	96.0	93以上
38	53.0	68.07	115	9.711	0.242	95.4	93以上
39	53.0	71.78	115	10.519	0.242	95.4	93以上
40	52.3	75.44	115	11.321	0.245	95.3	93以上
41	52.3	79.08	115	12.126	0.245	95.1	93以上
42	52.0	82.72	115	12.931	0.245	95.0	92.0
43	50.0	86.22	112	13.715	0.245	95.0	92.5
44	49.0	89.65	112	14.499	0.245	95.0	92.2
45	48.5	93.05	112	12.283	0.242	94.3	92.1
46	47.5	96.37	112	16.062	0.242	94.0	91.7
47	46.7	99.64	112	16.857	0.242	94.0	91.3
48	45.0	102.79	112	17.635	0.242	93.7	90.0
49	44.5	102.90	119	17.968	0.242	92.2	89.7
50	42.5	108.88	119	18.801	0.242	92.1	89.2
51	40.3	108.07	119	19.634	0.242	91.7	89.1
52	38.7	111.41	119	20.467	0.242	91.4	89.0
53	37.1	114.00	119	21.300	0.242	91.2	88.7

（续）

项目 周龄	周产蛋 率（%）	累计产 蛋（枚/只）	日耗料 （g/只）	累计耗料 （kg/只）	耗水 （L/g）	周受精 率（%）	孵化率 （%）
54	36.3	116.95	119	22.133	0.242	91.2	88.2
55	36.0	119.47	120	22.973	0.243	90.00	87.4
56	35.7	121.97	120	23.813	0.243	90.7	87.1
57	35.4	124.45	120	24.653	0.243	90.4	86.9
58	35.1	126.91	120	25.493	0.244	90.4	86.1
59	34.6	129.33	120	26.333	0.244	90.1	86.0
60	34.5	131.75	120	27.173	0.244	90.0	85.9
61	34.2	134.14	120	28.013	0.244	89.9	85.7
62	34.0	136.52	120	28.853	0.246	89.6	85.6
63	34.0	138.90	120	29.693	0.246	89.2	85.4
64	33.8	141.27	120	30.533	0.248	89.4	85.2
65	33.6	143.62	120	31.373	0.248	89.2	85.0
66	33.4	145.99	120	32.213	0.248	89.1	85.0
67	33.1	148.31	120	33.053	0.248	89.1	84.9
68	32.0	150.55	120	33.893	0.250	88.9	84.3
69	32.0	152.79	120	34.733	0.250	88.4	84.1
70	32.0	155.03	122	35.587	0.25	88.3	84.1
71	32.0	157.27	122	36.441	0.250	88.1	84.0
72	31.9	159.40	122	37.295	0.252	88.0	84.0

注：表中供水量和饲料量均按鸡舍温度 22℃，上下差 1℃标准。超过 22℃适当增水量。表中累计耗料量是从 21 周龄开始计算的。

表6-3 商品鸡生长期饲养指标（1～9周龄）

周龄	日龄	日耗料 （g/只）	累计耗料 （g/只）	周末体重 （g）	累计成活率 （％）
1	0～7	7	49	70～75	99.0
2	8～14	13	140	125～130	98.7
3	15～21	21	287	215～220	98.5
4	22～28	27	476	310～315	98.4
5	29～35	33	707	435～440	98.3
6	36～42	37	966	485～500	98.2
7	43～49	42	1 260	670～680	98.17
8	50～56	48	1 596	750～760	98.1

表6-4 商品鸡生长期饲养标准（9～17周龄）

周龄	日龄	公鸡			母鸡			累计成 活率 （％）
		日耗料 （g/只）	累计耗料 （g/只）	周末体 重（g）	日耗料 （g/只）	累计耗料 （g/只）	周末体 重（g）	
9	56～63	56	1 988	840	52	1 960	830	98.0
10	64～70	64	2 436	940	57	2 359	935	97.9
11	71～77	72	2 940	1 050	64	2 807	1 020	97.8
12	78～84	81	3 507	1 162	73	3 318	1 122	97.7
13	85～91	90	4 137	1 278	80	3 878	1 277	97.6
14	92～98	97	4 816	1 357	84	4 466	1 345	97.5
15	99～105	105	5 551	1 545	91	5 103	1 503	97.3
16	106～112	110	6 321	1 742	98	5 789	1 605	97.15
17	113～119	115	7 126	1 948	105	6 524	1 725	97.0

注：本指标按冬耗料最高限计算。

第七章

宫廷黄鸡的饲养管理

一、宫廷黄鸡种鸡的饲养

宫廷黄鸡的饲养管理基本与其他三黄鸡相同，没有特殊要求。由于这一品种四系均为国内地方品种，因此具备适应性强，抗逆性强，耐粗饲，死亡率低的特点，便于管理。现将种鸡的饲养特点介绍如下：

1. 育雏期的饲养管理　宫廷黄鸡由孵化出壳到 6 周龄前人工饲养期称为育雏期。这个时期的幼鸡称为雏鸡，饲养管理工作称为培育雏鸡，简称育雏。雏鸡生长好坏关系到种鸡一生体质健康与否，生产性能发挥好坏的重要阶段，一定要引起重视。

（1）雏鸡生长发育的生理特点　宫廷黄鸡雏鸡同其他中型雏一样，体温 42℃，全身长绒羽，抗寒能力差，怕凉。鸡胚在孵化期间，全部是通过种蛋供应营养，出壳后需靠外界供应营养，需要有一个适应过程，这样雏鸡消化能力必然低，并且营养要全面，对饲料质量要求严。雏鸡体质弱，敏感性强，胆小怕声，群集性强，因此一有特殊的光、色和声音，就有惊群扎堆现象，有时挤压致死。另外，这个时期雏鸡抵抗各种疾病的能力差，要特别注意按时防疫和做好消毒卫生工作。一旦忽视，则易造成雏群染病，带来经济损失。

掌握雏鸡的生理特点，目的是人为地创造适合它生理要求的小气候小环境。

（2）雏鸡的选择和运输

雏鸡的选择：种蛋品质的优劣，孵化温度、湿度掌握是否正确，种蛋采集入孵消毒是否适时适当，都会造成出雏的健弱不同。为提高育雏率，一定要对购买的雏鸡进行选择，否则会造成经济损失。为准确判断雏鸡是否健康，要检查雏鸡的亲本、代次和品系，并查出出壳时间和注射马立克氏病疫苗的时间和剂量。其次是观察，雏鸡以 21 天准时出壳为最健康。健雏活泼、好动、声音洪亮、音长。抚摸有硬感，孵黄很小，腹部脐腺不明显，羽毛有光泽并整洁。弱雏两眼无神，有的甚至不睁眼，站立不稳，用手触摸腹部有很大的卵黄硬块，脐腺明显发黑，甚至肛门粘粪便，弱雏一般 3 天内死亡。选择好健康雏后应清点数量，以备运输。

运雏：现在运雏均采用硬纸雏盒，盒长 60 cm，宽 45 cm，高 18 cm，中间分 4 格，每格可放雏鸡 25 只，盒四周打孔通气。运雏时最好 2 盒或 3 盒打一个件，这样能保护雏鸡，且便于装卸。如果地运则高度不可超过 6 盒，否则下边的盒子容易被压坏。装卸雏都应平起平放，斜放盒会压死雏鸡。运输时车辆要用新洁尔灭、过氧乙酸消毒后再装车。车装好后不能滞留，应立即启程。中途要减少休息，如果中途休息，则要上下倒换雏盒，检查是否过热，或通风不良而闷死雏鸡。运雏受季节影响很大，春秋运雏最好，其次是夏季，冬季最不适宜运送雏鸡。夏天运雏由于气温过高，容易造成通风不良，闷死雏鸡，或造成雏鸡脱水。用汽车运输时要将前面车窗和最后面的车窗打开，使空气流通，并散热。每隔 5 h 上下倒换一次雏盒。有条件的可以喷水雾，让雏鸡吸入雾气，避免脱水。冬季运雏最困难，往往为保温将盒盖严，造成雏盒因雏鸡呼出的水汽，受潮变形，压死雏鸡。最好的办法是用空调车。如没有空调车，可在普通封闭货车前面用煤气灶、煤油灶点燃升温。车前窗封闭，车后窗仍应打开一点，让有毒气体流出。运雏人员应有高度的责任心，不能饮酒睡觉，不能一路不观察雏鸡，要认真谨慎。

（3）育雏前的准备　育雏前准备工作，视育雏方式而定。宫廷黄鸡雏鸡最好采用网上保温伞育雏。这样室内可以用暖气或煤火，加电热保温伞调节室内温度。雏鸡有一定活动量可自由采食饮水，生长速度快，抗病能力强，成活率高。如果没有条件，也可在电育雏笼中饲养，这种饲养方式要注意每周各层倒鸡，即下层倒到上层，这样可以克服因光照、通风造成的雏鸡生长速度不均的缺点。如以上两个条件都不具备，也可采用室内升温、铺垫草、围席圈的方式饲养。育雏方式确定后，要做好以下准备工作。

育雏舍：育雏舍面积视饲养量而定，一般平养每平方米可养雏鸡 30～40 只，育雏笼按说明而定。雏舍地面、顶棚、围墙要整洁，未养过鸡的最好，如曾是养鸡舍则更应严格消毒。雏舍最好南北有窗，便于通风。

温度设施：如果使用煤炉增温，一般每 $10 \, m^2$ 有一个 1 号炉室温基本能达到 34 ℃，但一定要安装烟囱，以防煤气中毒。当然用暖气或电加热更好。

饮水饲料设备：育雏采用真空饮水器和料盘最好。一般一个真空饮水器可供 50～70 只雏鸡使用。一般塑料圆料盘直径 30 cm，可供 30～50 只雏鸡使用。

照明设备：光照用 40 W 灯泡，每 $15 \, m^2$ 一个。

（4）接雏前的准备工作　临进雏前 2 天将摆放饮水器、料盘，垫好报纸，装好炉子，安好灯泡的闭封舍内用福尔马林、高锰酸钾熏蒸。熏蒸 24 h 后打开门窗通风，换气。然后升温，检查准备工作。消过毒的室内任何人进入必须脚踏室前消毒垫，穿消过毒的防疫服，用新洁尔灭或其他消毒液洗手后再进入雏舍。雏入舍前 4 h 升温，将室温提高到 33～34 ℃。如果采用保温室雏室温度达到 25 ℃，伞下就很容易达到育雏温度。另一项工作是烧好开水，并加 5％ 葡萄糖，凉至 40 ℃ 备雏饮。育雏室过于干燥，雏鸡易患呼吸道疾病，如烧火加温的，可在火上加水壶或水桶，以增加室内湿度。室内相对湿度 55％～70％ 比较适宜，高于鸡背 10 cm 处温度 33.5～34 ℃ 为宜。

（5）接雏工作　接雏的第一件事是稳雏。运雏人员将雏转送给雏舍饲养员，不得进入消过毒的雏舍。饲养员将雏鸡盒接过后应分别排列在舍内，可以单盒排列，也可以两盒两盒一摞排好。这样做的目的是让雏鸡有个适应育雏室环境的过程。

第二件事是饮水。待雏鸡稳定后，然后一只一只地教雏饮水，边清点数量，边选出弱雏。教雏饮水的方法是左右两手各持一只雏鸡，手握雏鸡用食指按头向下，喙浸入饮水器中点一下，然后放到保温伞下。

第三件事是开食。开食不要过急。雏鸡体内仍存有卵黄营养，饮水后雏鸡可吸收其营养。当见雏群全部饮水，而且都已安定，再行开食。开食可以撒干粉料，也可撒湿拌料。开始舍内比较干净，料先撒在报纸上或料盘里。饲养员撒完料后观察雏鸡，有的不知吃食，可帮助它吃食。

第四件事是观察温度高低。最适宜的温度雏鸡呈散开形式，如果扎堆则说明温度过低，如果都远离保温伞或其他热源，则说明温度过高。温度过低雏鸡吸收不好，易出现腹泻糊屁股情况；温度过高则雏鸡易脱水，饮水过多，吃食少，也容易造成死亡。为此，接雏后 3 天内饲养员要密切注意雏鸡的动态。

（6）育雏要点

温度和湿度：温度和湿度，尤其是温度是育雏成败的关键。育雏温度通常指高于雏背 10 cm 处的温度，而不是指室温。宫廷黄鸡育雏温度 1～3 天内 33.5 ℃ 最佳。温度在 33～34 ℃。由第 4 天开始每天可降 0.7 ℃，第 2 周保持 28～30 ℃。育雏期湿度为 55％～70％。第 3 周后温度保持在 25～28 ℃ 即可。3 周后白天可关闭保温伞，夜间使用。温度和季节有直接关系。冬季饲养员要特别注意掌握温度，温度不可忽高忽低，温差超过 7 ℃，雏死亡率则超过 5‰。寒冷季节育雏笼上层气温高，一般用上边三层，最好不用下边两层。

饮水和喂料：无论是传染病还是普通疾病主要经口传播，所以饮水和饲料卫生非常重要，应高度重视。近年来，人们在雏鸡饲料和饮水中从开水、开食起就放入杀菌抗菌的药物预防疾病。在饮水中可加入葡萄糖 5‰，或者是 5‰浓度的白糖。1 周内用白开水或加入 0.000 03‰高锰酸钾的凉水饮鸡。饲料中可加蛋黄粉或少量抗生素，以增强雏鸡抗病能力。饮水器中随时供足水。饮水器每天应该洗刷干净，更换净水。饲料在育雏期应足量供应。料量按指标，可以一天喂 6 次，每次少撒，让雏鸡能吃干净料。剩余的饲料，每晚 9～10 点清理一次，清洗料盘后再喂。

通风换气：随着雏鸡日龄的增长，体重的增加，鸡粪积累也越来越多，蒸发量大，所以氨气很多，雏鸡呼吸量增加呼出的二氧化碳也多。一般 2 周后需要每天通风，尤其是冬季舍内生火取暖，空气更混浊，如不及时通风会影响雏鸡生长发育。对此，饲养员应注意观察，如果一进雏舍就感到刺鼻刺眼，甚至流泪，则证明氨气已超过 0.05 L/m^2，硫化锌已超过 0.01 L/m^2，二氧化碳已超过 3.5 L/m^2（一般无味），对雏鸡危害很大，要立即通风。夏季可以随时通风，春秋可白天开南窗通风。冬天育雏舍应每 20 m^2 南墙安装一台排风扇，每天视情况向外排气，空气同样可保持新鲜。风扇孔通完风后可用塑料布等封上，避免进冷风，降低室温。

光照：光照对种雏的饮水、采食和性成熟都有影响。光照过长则性成熟早，光照过短则产蛋晚，成熟过早过晚都影响雏鸡正常发育和生长性能的发挥。一般开放式鸡舍每年 4～9 月 20 周龄前的雏鸡都采用自然光照，其他季节每天光照不到 8 h 的早晚补照到 8 h。为方便，也可只在晚上或只在早上补光。为便于观察，1～3 日龄的宫廷黄鸡种雏，只在夜间关灭灯 1 h，让雏鸡适应环境。4～7 日龄每天夜间减 2 h 光照，以后每天减 1 h，到 4 周龄末每天 8 h 光照一直保持到 18 周龄末。

更换垫料：有的采用木刨花、锯末或稻草作为垫料。这些垫料要视情况经常更换，因雏鸡舍温度高，垫料往往会发霉或存留球虫卵，引起雏鸡发病。垫料湿后应立即更换，保持雏舍干燥洁净。如网上育雏，则应经常将留在网上的粪便清除。育雏笼中的粪斗要每天清理。

2. 育成期的饲养管理　宫廷黄鸡育成期分两个阶段，7～15 周龄为中雏，16～21 周龄为大雏。宫廷黄鸡育成期饲养管理比速生肉用种鸡好养，比标准蛋种鸡也好养，因它性格温顺，耐粗饲，适应性强，抗病力强，父母代和祖代育成期成活率都在 97% 左右。

（1）饲养方式与鸡体健康　有的对 7 周龄后的宫廷黄鸡采用笼养，有的采用铺垫料养，有的采用网上饲养。根据饲养经验，中雏网上饲养，大雏笼养相结合的饲养方式最佳。中雏在网上饲养既卫生，又便于鸡活动，还可增强其体质，并且育成的鸡适应能力，尤其是抗干扰能力强。为便于公母分养，一般 15 周龄可以分别上种产蛋笼。种鸡最迟上笼不能超过 18 周龄。再迟会影响其开产时间。

（2）限饲和性成熟　饲养种鸡在中大雏阶段都要以限饲控制性成熟，肉种鸡要求比较严格。宫廷黄鸡父母代、祖代都要限饲，但不是隔日喂料，而是在饲料中降低能量和粗蛋白的用量实行限饲。换句话说，就是在制定的饲料配方中增加粗纤维原料限制饲喂。

对于宫廷黄鸡父系（即公鸡）本身生长发育较慢，料量上放开，不会出现问题；母系生长速度和性成熟较早，除饲料配方外，料量上一定要按饲养标准实行，否则会出现性早熟。

为了控制性正常成熟，光照很重要。中雏阶段光照能保持 8 h 即可。宫廷黄鸡大雏进入 18 周龄应每周增光照 1 h，到 21 周龄光照 12 h。

为保证育成鸡正常发育，料桶、料槽、饮水器、水槽应容量满足，位置合理，让每只鸡饮水、采食有位。料槽每只鸡 8 cm，水槽每只鸡 2.5 cm，料桶 25 只鸡 1 个，饮水器每 30 只鸡 1 个。

要注意监测种鸡体重。由 8 周龄开始每双周称体重一次。1 000 只以上群体随机抽测 5%，1 000 只以下群体抽测 10%。将测得的体重与标准比较，体重低于指标者增加料量，体重高于指标者减少料量。

关于育成期喂料次数，一个品种有一个品种的方法。宫廷黄鸡种鸡以每天喂料 4 次为好，即 8:00、10:30、14:00、17:00，每次喂 1/4 料量。

（3）育成期防疫和卫生　宫廷黄鸡与其他种鸡一样，在育成期免疫程序最为集中。做好这一阶段的免疫工作很关键，这阶段宫廷黄鸡种鸡需要免疫新城疫疫苗、传染性喉炎、传染性支气管炎、鸡痘疫苗。

为了防疫准确，有条件的最好能做抗体效价和疫苗的效价，根据效价进行免疫。为保障免疫发挥作用，对饮水、刺种、滴鼻、点眼都要严格执行。

育成期要注意环境卫生。对于水槽、料槽冬天可每 3 天擦洗一次，春夏秋季每天擦洗一次。擦洗的布要洗净后用过氧乙酸或新洁尔灭、来苏儿浸泡后再用。鸡粪春夏秋季每 3～5 天清理一次，冬天最长 1 周清理一次。为保持室内卫生每天应通风。这样舍内卫生得以保障，鸡群才能健康。

（4）添加沙砾，增强鸡只消化机能　鸡的肌胃主要是磨碎食物，便于消化。因鸡育成期间饲料含钙低，添加石灰石粉仅 0.8%～1%，这样网上或笼育鸡肌胃沙砾量少，不利于消化。为促进育成鸡消化机能，可以单放食槽、料桶沙砾，也可将沙砾混于料中。

沙砾的直径 2～3 mm 为宜。沙砾应先用净水洗净，再用 0.1% 高锰酸钾溶液浸泡消毒备用。

（5）预防啄肛、啄羽癖　宫廷黄鸡个别批次也出现过啄羽和啄肛现象，但比例很少。据分析，主要是生长速度和饲料营养出现反差。最积极的方法是饲料中按各饲养阶段足量供给蛋氨酸、胱氨酸和维生素 B 族，以及铜、铁、锰、锌等微量元素。其次是因突然的应激，空气混浊，甚至因外寄生虫而造成啄癖。对此应针对原因进行预防。

如果发生啄羽、啄肛现象，一是将灯光调暗；二是可以在每吨饲料中加入 300～500 g 蛋氨酸，再加 500 g 食盐和 1％羽毛粉；三是每只鸡每天加 1 g 生石膏粉拌料喂。两三天即可得到控制。

3. 种产蛋鸡的饲养管理　育成期到 20 周龄，最长到 21 周龄转入生产阶段。此时主要任务是按饲养标准饲喂、饮水，使种鸡正常产蛋。

宫廷黄鸡祖代一般 23 周龄开产，24 周龄产蛋率达 5％，28 周龄或 29 周龄产蛋率 50％。父母代 20～21 周龄开产，23 周龄产蛋率达 5％，26 周龄产蛋率 50％。宫廷黄鸡种产蛋鸡主要应做好以下几项工作。

（1）**转群**

宫廷黄鸡种产蛋鸡的饲养方式：建议宫廷黄鸡种产蛋鸡尤其是父母代笼养，以便于开展人工授精，保证受精率。一般用 2 层笼养，每组笼养 40 只，即每笼 2 只母鸡。公鸡要设公鸡笼，每笼 1 只。祖代因 A 系公和 B 系母自交，C 系公和 D 系母自交，可以散养，或网上饲养。

转群期宫廷黄鸡的生理特点：宫廷黄鸡种鸡 18～23 周龄是体、性成熟的阶段，营养需要发生了变化。由于产蛋的需要饲料中蛋白质应比育成期增加 2％～3％，钙的需要量由 0.9％增到 3％。这时鸡的新陈代谢将加快，饲料量将由每只母鸡需要 90 g，增加到 115 g 或 120 g。如果把握不住营养标准和饲料量，将出现低产，或蛋重减小，光照的需要这时也很重要，每天产蛋种鸡需光照 15 h，要从 18 周龄后每周增加 1～1.5 h，23 周增到光照 15 h 止。

喂料和饮水：喂料每天改为 3 次。即上午 8:00 一次，喂 1/4 料量；上午 10:00 第二次，喂料量的 1/4；下午人工授精完毕 4:00 后第三次，喂料量的 1/2。喂育成料转产蛋二号料，从产蛋率 5% 开始。产蛋率达 45%～50% 更换产蛋高峰的一号料。更换料的方法是先更换 1/3 的新料，两天后新旧各占 50%，两天后新料占 2/3，1 周后全部改喂新料。饮水问题不可忽视，有光照时必须有足够水源，让鸡随时自由饮水。如果产蛋鸡缺水，则次日产蛋率下降，比缺料更为敏感。转群前为防止鸡群应激过大，前 3 天在饲料中可添加维生素 0.003%，土霉素 0.003%，转群后继续按以上剂量投喂 2 天。

倒群的方法及措施：倒群最好在天黑之后进行，这样可避免鸡群受惊。如果两栋鸡舍较近，最好每人提 5～6 只鸡直接装产蛋鸡笼，如果两栋鸡舍相距较远时，可以装笼或筐，再装产蛋鸡笼。无论哪种方法都需要暗灯光。倒完笼后，将水放入水槽，料撒好，可以开灯半小时，让鸡饮水吃食，然后关灯。倒完鸡群后，次日可将同体重鸡放入一笼，体重轻的可以多喂料，体重大的可控制料量。

光照的控制：蛋种鸡灯光最好用两个开关控制，每隔一灯分设开关。开灯时先开一个停 10 min 再开一个开关，使鸡能适应这种光照。无论是哪个季节，一般上午用自然光照，夜间补光到 16 h 止。如 1 月初，北京光照从早 7:30 计算，晚 5:00 开灯到夜间 11:30 关灯。

（2）人工控制好温、湿度提高繁殖率　宫廷黄鸡种鸡繁殖能力发挥最好的温度是 18～22 ℃，一般温度为 12～28 ℃，湿度是 50%～65%。在此温、湿度范围内宫廷黄鸡产蛋率高，受精率高，合格种蛋多。为达此温、湿度，冬季北方地区应人工制造小气候，以提高宫廷黄鸡繁殖率。

　　冬季升温保温增湿的方法：冬季首先应保温，再升温。保温措施有吊顶棚、封闭窗子、挂门帘、堵风洞。封窗可用塑料布，这样即保温又透光。另外，为保温可适当增加鸡只密度。升温可烧火取暖。每个火炉上放一盆水，可增加舍内湿度。火炉一定要合理安装烟囱，以防煤气中毒和污染空间。烧暖气最好，为提高湿度，每组暖气片上可放湿毛巾。

　　夏季降温降湿的方法：夏季气温高，湿度大，会造成鸡饮水多，腹泻，产蛋率和受精率下降。开放鸡舍降温方法一是通风；二是遮阳，使阳光不直射鸡体。可采取南窗设遮阳草帘并使南北窗对流通风。如果天气过于炎热，鸡张口呼吸，烦躁不安，可每 3 间（10 m）加一个排风扇，能产生对流空气，降低湿度，使鸡稳定生产。密封式鸡舍只能安装排风扇和抽风扇降温。

　　（3）搞好舍内卫生，提高鸡群健康水平　鸡舍卫生主要是空气新鲜、浊气少。造成鸡舍污染的主要是粪便产生的氨气，其次是鸡呼吸产生的二氧化碳，再次是鸡活动抖动羽毛掉落的皮屑、绒毛，第四是饲料的味道，第五是微生物繁殖分解鸡粪产生的气味。

　　搞好舍内卫生主要是随时清理粪便，舍内少漏、少洒水。清洗水槽、料槽要用桶接污水，倒在舍外；水槽高度要调整好，一头高，一头低，中间不下陷，水嘴放小水流。夏季若水进入料槽则应立刻清出湿料，否则饲料会很快发霉，鸡吃后容易慢性中毒，造成腹泻。

　　带鸡消毒很重要，可用过氧乙酸、新洁尔灭等。冬季每周喷雾消毒，夏季每隔 3 天消毒一次，春秋每 5 天一次，这样既可消毒又可净化空气。消毒时要全面，鸡体、笼子、空间、笼下鸡粪都要消毒。

　　鸡舍内地面脏，主要是有出笼鸡到处乱窜造成的。饲养员发现有跑鸡应立刻抓住放进笼内，则可保持地面干净。

有的饲养员在鸡舍地面拌料，这样很不卫生，应在饲料间或料库拌好料再去鸡舍喂鸡。

（4）随时调整好设备，提高合格种蛋率　笼养产蛋宫廷黄鸡产蛋后，鸡笼滚蛋角度是否合理，蛋能否滚落，每排笼是否成水平线，蛋滚出后是否碰破，都将影响种蛋合格率。

鸡笼起支撑作用的一是立架，二是料槽。发现鸡笼变形，则要调直料槽，料槽调直后再固定网和水槽。对笼底网坡度过大或过小的要调均匀。调整底网要保证既滚出鸡蛋，又不碰破。虽然这项工作很简单，但搞不好每天惊纹蛋会达1%，日积月累损失严重。

鸡舍除鸡笼外还有照明设备和供水系统。灯泡要常擦，一般每周最少擦一遍。水管、水龙头漏水应立即修理。这两件事不大，但对鸡群影响都很大。

二、宫廷黄鸡商品鸡的饲养管理

宫廷黄鸡是药肉兼用品种，为达到较高的药用价值，它的饲养期比肉鸡和普通三黄鸡都长。一般养到17周龄才出栏。宫廷黄鸡分3个阶段进行饲养管理，0～6周龄末为育雏阶段；7～12周龄为育成中期，称中雏；12～17周龄为育成后期，称大雏。这3个饲养管理阶段既与种鸡有区别，又与白羽速生鸡及其他三黄鸡有区别，在饲养管理中要抓住它的特殊性。

1. 育雏期饲养的管理特点　育雏期饲养管理的准备、接雏、育温、饲喂方法，均与种雏相同。现仅将育雏中特殊的地方列出，饲养中应加以重视。

（1）选好符合标准的雏鸡　宫廷黄鸡商品雏都有凤羽冠，雏时能见绒头顶高于普通三黄鸡，用手触摸有小突起的包，即脑疝。出壳雏胫或趾有绒毛的占95%～97%。在选雏时除将与种雏特征一样的选入还应将有以上两个特征的雏鸡选入。

商品雏中有两种雏需要淘汰，一是由于遗传中致死基因造成出生后转脖雏，或育雏中出现转脖雏一定淘汰，这种雏中途往往死亡；二是胫、趾上任何羽毛都没有的，占3％～5％，尽管它们生长速度比胫、趾有羽的生长发育快，但是肉质、味道都不理想。

（2）喂无污染无抗生素饲料及水　宫廷黄鸡的药用价值主要体现在商品鸡。"病从口入"尽管不全面，但很有道理，饮水、吃料是关键，把住这一关很重要，必须从基础抓起。

饲料原料尽量使用施有机肥的原料，纯天然。玉米必须用黄色的。配方中如能加3％～5％苜蓿粉或刺槐叶粉、榆叶粉、桑叶粉则最理想。雏料中允许添加抗生素和鱼粉，但要在迫不得已的情况下使用。为促进鸡只消化机能，增加黄色沉积，饲料中可加0.002％胡萝卜粉和中药陈皮粉0.001％。如果不喂抗生素，用中草药最好。

饮水一定要清洁，最好饮用未经污染的泉水或井水。对于大肠杆菌超标的水，可用紫外线消毒或经漂白粉、高锰酸钾消毒后饮用。

（3）严格消毒免疫　对种蛋、运雏工具、雏舍要严格消毒。任何人进雏舍都要严格消毒。只要消毒关把住，鸡普通病则减少。

免疫应重视，具体免疫程序可参见本书疫病防治部分，各地饲养可根据当地疫情发生情况予以调整。

2. 中雏阶段的饲养管理特点　商品鸡中雏是承上启下的阶段。饲养管理上对于温湿度、饲喂方法都同种鸡中雏，其他方面差别很大。

（1）营养与饲养方法的差别　宫廷黄鸡中雏阶段能量、蛋白水平比雏鸡低，每天以料量和营养水平实行限饲，而商品鸡营养水平相差很少，料量一般不限制，基本是根据自然采食量供应。因该品种是由地方土种鸡配套育成，其生长速度慢，体型中等，如果限饲，则更会推迟出栏时间，所以不限量。

饲喂次数以每天 4 次为好，即早 8：00、上午 10：00、下午 3：00、晚上 5：00，基本上食槽都应有料。饲料日供应量以早上饲养员进鸡舍，料未吃完为准。

饮水要充足而洁净，饮水器水槽总有一定深度的水。

这个阶段鸡骨骼发育强度大，应注意观察，一旦有矿物质、微量元素缺乏症，应立即补充。这阶段（10 周龄以上）应在饲料中应添加胡萝卜粉和陈皮粉，并用中草药添加剂完全替代抗生素。

（2）管理应重视的问题

光照：饲养中为防止雏种鸡性早熟，每天光照应 8 h；商品中雏为快生长，可增加采食时间，每天保证光照 10～12 h。

上笼饲养：为增加种鸡活动量，增强其体质及"吊架子"，这个阶段应采用地面饲养或网上平养；而商品鸡如 8 周龄末上中雏笼饲养最理想。这时一般公母能分开，体重大小能分辨，最好按公母、大小调笼，便于促小控大，保证均匀。

保障水料位和饲养量：为保证每只鸡的饮水吃料，中鸡笼每笼 10 周龄以上鸡不超过 5 只。平养每平方米 12～15 只，每 30～35 只中雏保证一个饮水器，每 20～25 只保证一个料桶。只有这样中雏才能正常生长发育，均匀度能达 85%。

3. 大雏阶段的饲养管理要点 大雏是保证宫廷黄鸡具有药用价值的最重要的阶段，在饲养管理上一定要达到无抗生素残毒，保持该鸡的特有风味。

（1）添加中草药粉 养宫廷黄鸡 13 周龄后必须净化抗生素和其他残毒。中草药既有灭病毒、病菌作用，又有沉积黄色素和增加香味作用。

（2）饲料添加脂肪 为使屠体美观，增加香味，商品鸡在出栏前 15～20 天，饲料中可加 0.75%～1.5% 的植物油。以花生油为最好。如果没有植物油，加猪油、鸡油、鸭油都可以，但不能加有膻味的牛油或羊油。

（3）增加光照，供足水料　种大雏13周龄后每天8h光照，而商品鸡必须达到每天14～16h光照。为促使其采食，饲料一天4次，满足供应。水同样要满足供应。

三、宫廷黄鸡的鸡场建筑与设备

1. 鸡场场址的选择与布局

（1）鸡场场址的选择　鸡场场址的选择关系到鸡群的健康，关系到建场工作是否能顺利进行，并符合鸡的生理特点和是否能规模化生产，最终是否能创造最佳的经济效益。因此，选择场址时必须认真调查研究，周密慎重地进行考察后才能施工。选择场址要详细考虑以下几个方面。

地理位置：场址要宽敞、平坦，如北面有山更好；鸡场要距离居民区2km以上。如果当地有鸡场，场址一定要选择在西北上风口和上水区域。场址地势要高，不窝风，阳光充足，雨后不存水，做到冬暖夏凉。

交通运输便利：交通方便能节约运费，便于销售。场址要距铁路或公路1km以上，这样能避噪音和空气污染。

水源要充足：鸡场净化，水是主要的。鸡场要求有可靠和充足的洁净水源，并且位置在鸡场的最高处，水源能满足本场使用，尤其是干旱季节能满足供水。水以管道式供水，不用明流水。自场能打深井或干净浅井均可。符合卫生标准的水质菌落标准为：菌落总数<100个/mL，其中大肠杆菌群<3个/mL。微量元素标准为：砷<0.01mg/L、铝<0.01mg/L、铬<0.04mg/L、镉0.01mg/L。

电源充足：种蛋孵化、鸡舍通风和照明、机井抽水，都必须有电源保障。在设计鸡场时首先要考虑需要多大变压器，而且要至少比原设计高出10%～15%电负荷，以便改造时再增容，这样可以避免不必要的投资。接线路问题，如当地有两路线，最好都利用，这样一路停电用第二路，可免去再用发电机发电。

美化环境与综合利用的条件：现在新选场址，应考虑综合利用和美化环境。鸡场的最低处可建鱼池养鱼，这样鸡粪或冲洗鸡舍的水流入池塘利于养鱼。选择时要考虑鸡场土质适于种什么树。

（2）鸡场内的布局　鸡场经营方向大体可分专业化和综合性养殖场。专业化鸡场又分孵化、饲料、种鸡、蛋鸡、商品鸡车间。综合性鸡场即宫廷黄鸡与其他肉鸡或商品鸡合养的鸡场。

从防疫角度出发，无论是专业化的还是综合性的都应将生产区和生活区隔离，人行、运输和粪道隔离。

生产区的布局：生产区应有围墙围绕，墙高 2.2 m 以上。生产区内包括育雏舍、育成鸡舍、产蛋种鸡舍和商品肉鸡舍。还包括孵化室、人工授精室和饲料间、兽医室等。进出生产区只设两个门，即运输、人行门，粪便、垃圾门，两个门口进出处都设消毒池，更衣消毒后方能进入生产区。消毒池深 30 cm，宽 2.5 m，长 6 m。生产区内每排鸡舍之间应相隔 12～15 m，以东西走向，北房为佳。

管理区的布局：管理区设办公室、食堂、车库、锅炉房、配电室、宿舍等。管理区的办公室应和宿舍隔开。门口要临近公路，比较明显，并要留好门前及办公区绿化、美化的位置。伙房、会议室、卫生间、销售科应考虑放在第一排。会计室要设在警卫室和值班室中间，以便于看守。具体布局见图 7-1。

2. 鸡舍的设计

（1）鸡舍的类型

1）开放式鸡舍　这种鸡舍适用于气候炎热的南方最低气温在 1℃ 以上地区。特别简便、经济。鸡舍只有立柱支撑简易遮阳光不漏雨的顶棚，顶棚厚度越大降温效果越好。这样的鸡舍四周无墙，或两侧有墙，南北无墙。也有东、北、西有墙，北墙设通风窗，而南侧无墙。

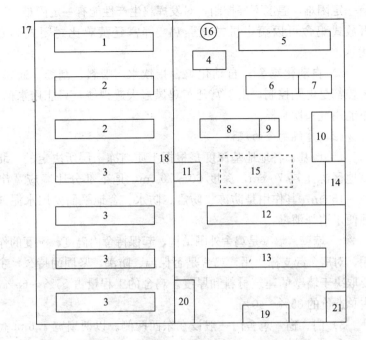

图 7-1　宫廷黄鸡种鸡场布局示意图

1. 育雏舍　2. 育成舍　3. 种产蛋舍　4. 兽医室　5. 孵化室　6. 修理间

7. 配电室　8. 屠宰间　9. 冷库　10. 饲料加工厂　11. 食堂　12. 宿舍

13. 办公室　14. 库房　15. 活动场　16. 病死鸡坑　17. 运鸡粪门

18. 进生产区门　19. 大门　20. 自行车棚　21. 车库

开放式鸡舍的优点是建造快，搬迁方便。缺点是受环境影响太大，对飞鸟的传染病无法控制，管理困难，鸡的生产性能发挥差。

2）半开放式鸡舍　半开放式鸡舍适于我国中部、北部地区。这种鸡舍养宫廷黄鸡最适合。鸡舍南北设对称窗，南窗大北窗小，南北窗下设通风窗。靠自然光照升温，靠自然通风降温，受季节影响较大。半开放鸡舍的特点是建筑材料能就地取材，造价低，工期短，舍内空气新鲜。缺点是，受自然条件影响大，防疫有一定困难，温度不好控制，对发挥鸡生产性能有一定困难。半开放式鸡舍可以搞半机械化养鸡，养宫廷黄鸡比封闭式鸡舍优越。

3）自动化鸡舍　自动化鸡舍指饮水、喂料、刮粪、通风、温控都是电脑控制，由于宫廷黄鸡凤冠大遮视线，只能用水槽，不能用乳头饮水器。

（2）建筑鸡舍的规格

1）地基　各地地基深度是根据土质与冻土层所决定的。北京地区冻土层 70 cm，深度 50～70 cm，地下部分比墙应宽出 12～15 cm。其作用是防冻、防震、防水。舍地平面要用水泥铺面便于清粪消毒。

2）墙壁　墙壁是鸡舍外围结构，起保持舍内温度、湿度的作用，对房舍起支撑作用。鸡舍是否保温、防潮、坚固耐持久，主要取决于墙壁的建筑材料和厚度。鸡舍的工程量占 55％～65％，占总造价的 35％～40％。

3）门、窗　鸡舍门一般设在东西两侧。以两扇宽 1.6 m 高 2 m 为好。孵化室设在南侧，尺寸同鸡舍门。这样可以推双轮手推车出入。人行门高 2 m、宽 0.7～0.8 m。鸡舍南窗以高 1.5 m、宽 1.2 m，北窗以高 1.2 m、宽 1 m 为宜。窗下通风孔高 50 cm，长 80 cm，设两扇向外开的窗。

4）舍顶和顶棚　鸡舍顶以中间脊前后两斜坡为最好。顶窗可设前（南）坡。天窗每间一个，高 0.8～1 m，宽 1.5 m。舍顶以铺泥上瓦的最好，冬暖夏凉。顶棚以挂白灰的为最好，这样便于消毒。

5）鸡舍的跨度和长度　两排笼养鸡舍宽 6.2～7 m，三排鸡舍 9 m。种鸡舍长 33 m，养 1 000～1 200 只鸡。雏鸡和育成舍宽度和长度都可根据情况自行设计。雏鸡、育成鸡、产蛋（种）鸡占地面积比例是 1∶2∶3。

3. 怎样利用改造的旧鸡场养鸡　前几年很多地区兴建了很

多鸡场，近两年有的已因经济效益不好而下马，对这样的鸡场可改造利用饲养宫廷黄鸡。

（1）做好调查研究　首先，调查清楚该场选址是否适宜；其次，该场曾经发生什么传染病和普通疫病；再次，该场水、电供应情况和交通通讯情况如何；第四，房舍、鸡舍结构，以及雏舍、育成舍比例如何等，都应做一个详细记录和绘制平面示意图。然后确定养鸡规模，改造方案。

（2）如何改造　旧场利用第一应考虑布局是否应改变。按有利于防疫，利于发挥宫廷黄鸡生产性能的要求去改造。

第一，清理垃圾，打扫卫生，全面消毒。这项工作最重要。应先由室内向室外，由室外再向场外进行清理，打扫卫生。打扫干净后，能火烧的用火焰消毒。像顶棚墙壁能用高温喷灯、喷火器消毒一遍最好。对铁制设备也用喷火器消毒。对不能烧的器物用清水冲，冲后再用各种消毒液喷雾消毒或熏蒸消毒。

第二，场院消毒。场院内空地，尤其是道路，要用消毒液消毒。

对于原尸坑和不便于用其他方法消毒的场所，可以撒生石灰粉消毒，尔后埋土。

第三，设备消毒，对原所有设备，都应在药液中泡浸消毒。尤其是直接用于养鸡的设备更应如此，否则极易感染各种传染病。

（3）旧鸡场重新养鸡要做好以下四项工作　①严格消毒。旧鸡场、旧鸡舍原来养过鸡，鸡群可能患过各种传染病，有的病毒可潜伏多年，所以各设施设备都要严格消毒，决不能疏忽大意。②要有严格的管理制度。对于出入生产区，出入鸡舍，喂料、饮水，都要制定规程和奖罚制度。对于防疫、投药要有具体细则，以防止遗漏，造成病毒扩散。③重新制定免疫程序。根据旧鸡场原有鸡群发病情况，重新制定免疫程序。④安装调整好设备。不能使用的旧设备要更换，不能勉强使用，以免影响宫廷黄鸡生产性能的发挥。对于能使用的要改造调整，尤其是鸡笼的高低，网面的平整度，水槽的水平线，料槽漏桶和槽与槽的衔接平整，以及滚蛋坡度是否合适，都要检查、调整。

4. 饲养宫廷黄鸡所需设备　饲养宫廷黄鸡与养其他三黄鸡一样，没有什么特殊设备，现作简略介绍。

（1）饮水器　饮水器有真空饮水器、乳头饮水器、杯式饮水器、普拉松饮水器、水槽和自制饮水器等。

真空饮水器分雏鸡和育成鸡用两种。雏鸡常用 9SZ－2.5 型塑料真空饮水器。盛水 2.5 kg，水深 1.9～2 m，可供 50～70 只雏鸡使用。雏鸡真空饮水器还有 9SZ－0.4 型，盛水 0.4 kg，可供 25～30 只雏鸡使用。通常都是 4 周龄前用 9SZ－0.4 型，5 周龄后用 9SZ－2.5 型。

乳头饮水器和杯式饮水器都是管道通到每个鸡笼或网上一定位置，只是饮水方式不同，一个是抬头乳头饮水，一个是低头杯中饮水。乳头饮水器有雏鸡和成鸡两种。目前有 9SJR－3 型或 4型。杯式饮水器有 9SB－16 型、9SB－27 型两种。

普拉松（吊式）饮水器，即用管道相通的成鸡用饮水器，目前有 YSQ 全自动饮水器，可供 120～150 只育成鸡使用。

V 形塑料或雪花铁饮水器，主要安装在鸡笼上使用。

自制饮水器是饲养员自发性制造的饮水器。有的是用罐头瓶压在菜盘上的真空雏用饮水器，有的是用竹子制成的饮水槽，有的是用可乐塑料瓶改造成的饮水器。

（2）供料设备　目前供料设备有很多种，有链环式给料机、螺旋式给料机、料槽、料桶、料盘等，因宫廷黄鸡饲养量少，一般用料槽、料桶或料盘即可。

吊式料桶线有的用雪花铁板制成，有的用塑料制成，长2 m。一般上口直径 13 cm，下底直径 11 cm，高 6 cm，饲养成鸡用。吊式料桶目前均用塑料制成，散养鸡、网上养中雏、大雏用。每桶供 20～30 只鸡用。料盘目前有塑料制成的直径 30 cm

圆盘，有用玻璃钢制成的长方形或正方形料盘，也有用铁板制成长方、正方的。料盘只能用于喂雏鸡。

（3）**装鸡设备**　品字鸡笼两层或三层。因宫廷黄鸡种鸡需人工授精所以最好用两层笼。育成种鸡和商品中雏、大雏可采用中型笼，每组装 40 只。地板网多长 2 m，宽 1 m，支架用 4 cm×4 cm角铁焊成，上面固定铁网或镀塑网。也有用竹片制成的网面，但不如铁网便于消毒。

（4）**集蛋设备**　集蛋设备有蛋托、蛋箱等。蛋箱有两种，一种是 300 枚装种蛋的箱子，一种是每箱装 20 kg 商品蛋的蛋箱。

（5）**防疫设备**　防疫设备很多。如一般称药用的天平、连续注射器、恒温箱、电冰箱、高压灭菌器、保温瓶、消毒喷雾器等等。

四、宫廷黄鸡的屠宰技术

宫廷黄鸡是珍禽，目前没有大批量屠宰，有的用户用活体鲜鸡，有的用分割鸡，所以屠宰这项工作一定要做好。否则会影响质量。

1. 白条宫廷黄鸡的加工和贮藏

（1）**加工白条鸡的准备工作**　一般在出售前 1 个月停喂一切药物，尤其是抗生素和磺胺类药物。屠宰前 24 h 要断食，只给饮水。断食的目的，一是有利于放血完全；二是便于清理内脏，如果消化道充满食物，不仅清理不便，也容易污染肉质；三是节省饲料、人工，降低饲养成本。出栏时捉鸡、装卸车及运输途中，应防止碰撞、挤压。运输笼上不能有突出的铁丝、钉头，以免划破鸡的皮肤，造成皮下淤血，影响皮色外观，降低商品等级。

去除病鸡，为保证食品卫生，防止病鸡混杂其中，在宰前和屠宰过程中，应对商品鸡品质进行检查。病鸡均有一定症状，如精神、行动、粪便、羽毛等均表现异常，宰前一般可检查出来。但由于疏忽，有时也会将病鸡宰杀掉，这就要求在宰后对内脏器官剖检，若发现内脏坏死、炎症、肿大、结节及肿瘤等有病变的鸡，则不应加工出售，而应销毁。

（2）白条鸡手工屠宰及其加工　目前，白条鸡的屠宰多为手工或半手工操作。具体工艺如下：

吊挂，凡被屠宰的鸡，都要倒挂，将血放净，以使屠体美观，煮时少沫。将鸡倒挂于鸡脚钩上。如宰鸡少可自制挂钩。

宰杀放血，采用口腔刺杀法，外形美观、完整，放血比较完全，表面无刀口。具体做法是：将鸡头向下斜向固定，用小型尖刀或剪刀伸入口腔，刀尖达第二颈椎处，刺断颈静脉与桥头静脉的联合处。然后刀尖稍抽出，通过上颌裂缝，向眼的内侧斜刺延脑，以破坏神经中枢，使其迅速死亡和放血完全。同时，由于控制羽毛的中枢遭到破坏，也有利于脱羽。

浸烫，国内的作法是宰杀 10 min 后，用 65～75 ℃的热水浸烫，先将鸡腿和头部浸入水中，数秒钟后，把鸡体放入水中并迅速翻动，使热水浸透鸡毛，2～3 min 后取出，翼、尾的主翼羽、主尾羽和足部角质均容易拔脱为烫好。个别不易拔掉的部位，可局部再烫。

脱羽，脱羽俗称退毛。它和以后的摘嗉囊、净膛等工序均在工作台进行。一般手工脱羽，都按照尾、翼、头、颈、胸腹、背臀、两腿的顺序进行，并拔去喙、爪的表皮及趾甲，最后用毛钳把残存的针羽、绒羽拔掉。脱毛后的屠体用清水冲洗，除去血迹及其他杂物。

摘除嗉囊，摘除的办法是在颈下嗉囊后切开 3 cm 的口，用右手剥离嗉囊，切断连接食管的两端即可摘除。

净膛，挤出泄殖腔中的粪便，将屠体仰放于操作台下，用剪刀把肛门与周围组织分离，左手固定屠体，右手将肠头拉出，再重新伸入腹内，将小肠缓缓拉出，防止肠管断裂。

屠体冷却，鸡在宰杀后，肉体平均温度仍在 37～40 ℃。具有这样高的温度和潮湿表面的屠体，有利于酶反应和微生物的繁衍，易使肉味发生变化及沾染内脏的不良气味。因此，应及时使屠体冷却。屠体冷却方法很多，如冷水冷却、冰水冷却和空气冷却等。一般采用空气冷却或冷水冷却方法。这种方法是使屠体在 2～3 ℃ 的冷却室或冷水中冷却，经几个小时使屠体温度降至 3～5 ℃。

（3）贮藏　经处理的白条鸡在 -30～-35 ℃ 的条件下速冻，冻实后贮藏，一年以上也不会改变肉味。因此，在日本，每年入冬后饲养场均大批宰杀，将加工后的白条鸡贮藏于 -30～-35 ℃ 冷冻仓库中，保证全年供应白条鸡。

2. 全羽冷冻鸡的加工及贮藏　除加工成白条鸡外，还可加工成全羽冷冻鸡。后者比较适合我国市场的要求。

加工全羽冷冻鸡的要求是，鸡羽毛完整，背部毛无脱落，尾羽齐全，羽毛无粪便污染。屠宰方法也采用口腔内放血法或切断三管法。用口腔内放血法屠宰的鸡宜装入礼品盒，并标明"口腔内放血"字样。

3. 宫廷黄鸡副产品的综合利用　鸡的副产品包括羽毛、皮张、粪便、血、下杂、骨等。这些不仅可以作为畜禽饲料，而且还是较重要的医药化工原料。

鸡的羽毛分为正羽、绒羽、纤羽，质量虽不及雁鸭类羽毛，但也具有质地轻软、富有弹性、防潮保暖的特点。鸡羽毛既可做羽绒服装、床垫、坐垫、被套、睡袋等，又是纺织工业原料，正羽还可以做羽扇、羽掸、羽毛工艺画以及其他装饰品。羽毛也是做泡沫灭火剂的原料。经加工后的羽毛粉可做动物性蛋白饲料。因此，收集和利用鸡羽毛是提高养鸡业综合效益的一个方法。

一般每只鸡产羽量在 130～200 g。收集羽毛应除去杂质，晾干后备用。羽毛的贮藏处所应通风良好，防止腐败和虫蛀。

羽毛粉是通过物理、化学和酶解方法加工而成的，可以作为少量饲料原料。

五、宫廷黄鸡统计及测量

衡量一个品种生产水平的优劣、高低是靠统计的数据来计算的。对宫廷黄鸡也应像其他禽种一样进行标准统计。

1. 生产性能的计算公式和方法

（1）产蛋性能

产蛋率：产蛋率是衡量蛋鸡和各种生产用途鸡生产水平的标准。对宫廷黄鸡产蛋率，日、周、月都应统计。并对产蛋鸡72周龄末，每只鸡1周年的平均产蛋率进行计算，公式：

$$每饲养只日产蛋率＝\frac{统计期内总产蛋数（枚）}{统计期内饲养日只鸡数}×100\%$$

统计周产蛋率，即7天总产蛋数（枚）除7天总鸡数；也可将7天产蛋率累加再除7，求出平均每只鸡每周产蛋量。每月每只鸡产蛋率计算方法相同。

产蛋量：产蛋量是指宫廷黄鸡母鸡统计期内产蛋数，计算公式：

$$入舍母鸡产蛋量＝\frac{统计期内总产蛋数（枚）}{入舍母鸡数（只）}$$

蛋重：蛋重指蛋的大小，单位以克计。每只鸡从42周龄第一天开始，取以后产的3枚蛋，然后除总产蛋枚数；宫廷黄鸡种母鸡群超过1 000只的抽测5%，1 000只以下抽10%，计算公式：

$$日产蛋重（g）＝蛋重（g）×产蛋率$$

$$总产蛋重（kg）＝［蛋重（g）×产蛋率（枚）］÷1 000$$

产蛋期存活率：产蛋期存活率是衡量一个鸡种体质的标准，是衡量饲养管理水平的标志。方法是，按入舍母鸡数，由22周龄产蛋期开始，到计算这周末，减去这期间死亡和淘汰数，所余存活数占入舍母鸡数的百分比，计算公式：

$$产蛋期存活率=\frac{入舍母鸡数-（死亡数+淘汰数）}{入舍母鸡数}\times100\%$$

产蛋期体重：产蛋期体重，宫廷黄鸡称 22 周龄开产体重，72 周龄称产蛋末期体重。求个体记录时，个体称量求平均值；群体记录，随机抽取不少于 100 只，称重后求平均值。单位以克（g）、千克（kg）计。

产蛋期料蛋比：料蛋比主要是衡量生产蛋鸡的生产性能，宫廷黄鸡种鸡也适用。这项指标是指定蛋期耗料量除以总产蛋重，即得 1 kg 鸡蛋所消耗的饲料量，计算公式：

$$料蛋比=\frac{产蛋期耗料量（kg）}{总产蛋量（kg）}$$

（2）产肉性能

活重：活重是指鸡体型大小的标准。指鸡停食后 12 h 的体重，俗称毛重。以克为单位计算。

屠体重：屠体重也称白条鸡、光鸡重。指鸡屠宰放血、拔（脱）毛后的重量。湿脱毛需沥干后再称重量。

半净膛重和半净膛率：宫廷黄鸡是药肉兼用鸡计算半净膛重和半净膛率很重要，应对产肉性能加以重视。半净膛重指屠体去气管、食道、嗉囊、肠道、脾脏、胰脏和生殖器官，留心、肝（去胆）、腺胃、肌胃（除去内容物及肌内金）、腹脂（含肌胃周围脂肪）和肺脏、肾脏的重量。

半净膛率指半净膛重占活重的百分比。

$$半净膛率=\frac{半净膛重（g）}{活体重（g）}\times100\%$$

全净膛重和全净膛率：全净膛重指除去掉所有内脏，并去掉头、胫、脚的屠体重量。净膛白条指去除所有内脏，留头、胫、脚。目前各大饭店除用活鸡外，大部分都是用净膛白条。

$$全净膛率=\frac{全净膛重（g）}{活重（g）}\times100\%$$

屠宰率：

$$屠宰率 = \frac{屠体重（g）}{鸡活体重（g）} \times 100\%$$

$$净膛屠宰率 = \frac{净膛白条（g）}{鸡活体重（g）} \times 100\%$$

胸肌率和腿肌率：该项为胸肌肉重和腿肌肉重，占全净膛重的百分比。

$$胸肌率 = \frac{胸肌重（g）}{全净膛重（g）} \times 100\%$$

$$腿肌率 = \frac{上、下腿净肌重（g）}{全净膛重（g）} \times 100\%$$

2. 繁殖性能的计算公式　一个品种的遗传，是通过繁殖延续的。需要计算如下几项指标。

（1）种蛋的计算　种蛋合格率：蛋种鸡 72 周龄，肉种鸡 62 周龄，宫廷黄鸡种鸡 72 周龄计算种蛋合格率，计算公式：

$$种蛋合格率 = \frac{合格种蛋数（枚）}{总产蛋数（枚）} \times 100\%$$

种蛋受精率：指孵化的种蛋，捡出无精蛋（白蛋）后的受精蛋占入孵蛋的百分比，计算公式：

$$受精率 = \frac{受精蛋数（枚）}{入孵蛋数（枚）} \times 100\%$$

（2）孵化率　孵化率：孵化率分受精蛋的孵化率和入孵蛋的孵化率两种，分别指出雏数占受精蛋数和入孵蛋数的百分比，计算公式：

$$受精蛋孵化率 = \frac{出雏数（只）}{受精种蛋数（枚）} \times 100\%$$

$$入孵蛋孵化率 = \frac{出雏数（只）}{入孵蛋数（枚）} \times 100\%$$

健雏率：指健康新生雏数占出雏数的百分比，计算公式：

$$健雏率 = \frac{健雏数（只）}{出雏总数（只）} \times 100\%$$

育雏率：全国家禽委员会规定育雏期为 4 周，一般以 6 周末计，计算公式：

$$育雏率 = \frac{育雏期末雏鸡数（只）}{育雏初入舍雏鸡数（只）} \times 100\%$$

3. 宫廷黄鸡体尺的测量　为了研究宫廷黄鸡的生长发育和品种特征，不但要对种鸡开产（5％产蛋率）体重进行测定，而且还要测量体尺。

（1）保定鸡的方法　保定人用左手大拇指和食指夹住鸡的右腿，无名指与小指夹住鸡的左腿，使鸡胸腹部位置于左手掌中，使鸡的头部对着鸡的鉴定者。这种保定方法，不致鸡乱动，还可随意转动左手，便于观察鸡体各部位，并可测量各部位。

（2）测量鸡的工具　称体重用电子秤最准确，其次可用双面刻度机械秤。测体斜长、胸骨长用皮卷尺和钢卷尺。测胸宽、胸深、胫长用卡尺或胫尺。测胸角度，用胸角器测量。

（3）称体重、测体尺的方法　称体重的目的是为了了解鸡生长发育、增重和饲料转化率情况，方法是每只称重。测体斜长目的是为了了解鸡体在长度方面发育情况，方法是用皮尺量锁骨前上关节到坐骨节间的距离。测胸宽是为了了解胸腔、胸骨和胸肌的生长发育情况，方法是用卡尺测量两肩关节间距离。测量胸深也是为了解胸腔、胸肌发育状况，方法是用卡尺量第一胸椎至胸骨前缘间的距离。测量胸骨长是为了了解体躯和胸骨长度的发育情况，方法是用皮尺度量胸骨前后两端间的距离。测量胫长是为了了解体高和长骨的生长情况，方法是将鸡保定后将鸡腿推向外侧，用卡尺度量骨上关节到第三与第四趾关节间距离。测度胸角是为了了解胸肌发育情况，宫廷黄鸡种鸡、商品鸡都应做这项工作，方法是使鸡仰卧在桌上，用胸角两内侧量胸骨前端的角度。测量骨盆宽是为了了解母鸡股腹发育与产蛋情况，方法是用卡尺测两坐骨结节间距离。

第八章

宫廷黄鸡疫病的防治

宫廷黄鸡是由国内优质土种鸡杂交组合育成，因此抗病能力强，病种少；现将常见病作简要介绍，供参考。

一、宫廷黄鸡疫病的感染与预防

鸡病的预防，不仅兽医防疫员要掌握，饲养员和生产管理人员都应重视，才能做到预防为主。

1. 传染病的感染与发病

（1）鸡病感染的类型　某一种病原微生物侵入鸡的机体后，必然引起鸡免疫系统的抵抗，会出现 3 种情况：①病原微生物被消灭，没有感染患病；②病原微生物在鸡体一定靶器官或部位定居并大量繁殖；③病原微生物与机体防卫能力处于相对平衡状态，病原微生物能够在机体某部位停留，少量繁殖，有时引起轻微病理变化而无症状表现，称为隐性感染。显性病鸡具有传染性，隐性病鸡排出的病原微生物也能传染健康鸡。

（2）发病过程

潜伏期：从鸡被病原微生物感染到病原微生物繁殖到一定数量引起症状，这段时期称为潜伏期，如新城疫潜伏期 3～5 天，最长 15 天。

前驱期：发病症状（兆）期，鸡开始表现食欲减退，精神不振，体温升高；但还没出现某些特征症状，这一时期称为前驱期。前驱期时间不等，最短的几小时，最长的 1 天。有的传染病没有前驱期。如急性禽霍乱。

明显期：病情发展到高峰阶段，表现出该病的特征性症状。急性传染病病程为数天至 2 周。慢性的则达数月之久。

2. 预防鸡传染病的基本措施

（1）鸡场环境符合预防条件 解决这个问题，关键在于厂址的选择。只有场址选择符合预防要求，隔断传染源，其他措施才能有效，反之其他措施再严格，也是防不胜。

除场址无污染外，车辆、人员也要严格消毒。进场设备、饲料、进场种雏种蛋严格消毒，才能防止传染病的感染。

（2）建立严格的场内卫生防疫制度

建立免疫制度：鸡场所有的鸡群都要制定免疫程序，对新城疫等传染病按鸡只生长期进行检测免疫。为防止疫苗失效，疫苗也应鉴定后使用。兽医人员要负责每批鸡的所有免疫工作，只有这样才能防止漏免，坚持免疫方法正确，部位正确，使药充分发挥效力。具体免疫程序见表8-1、表8-2。

表8-1 宫廷黄鸡商品代建议免疫程序

日龄	疫苗	免疫方式
1	马立克氏病毒疫苗	颈皮下注射
7～9	新城疫Ⅱ系苗	滴鼻点眼
14	法氏囊炎（中间毒力）苗	点眼或饮水
24	鸡痘疫苗	穿翅
24	法氏囊炎（中间毒力)苗	点眼或饮水
42	新城疫拉索达系苗	滴鼻点眼
60	新城疫Ⅰ系苗	肌内注射

表 8 - 2　宫廷黄鸡种鸡建议免疫程序

日龄	疫苗	免疫方式
0	马立克氏病毒疫苗	颈皮下注射
14	新城疫＋支气鼻炎疫苗	点眼
14	法氏囊炎（中间毒力）苗	点眼或饮水
24	鸡痘疫苗	穿翅
28	新城疫＋支气管炎疫苗	点眼
30	法氏囊炎、传染性喉炎疫苗	点眼或饮水
42	新城疫＋支气管炎疫苗	点眼或饮水
75	传染性喉炎疫苗	点眼
84	新城疫＋支气管炎疫苗	饮水或点眼
100	法氏囊炎疫苗	肌内注射
105	脑炎疫苗	饮水
115	新城疫油苗	颈部注射

　　注：以上两个免疫程序多年使用很有效。关于禽流感疫苗请按当地兽医站要求时间免疫。

　　建立消毒制度：凡进入生产区的人员必须更换防疫服，经过洗澡更衣，紫外线照射，踏消毒液垫后，才能进入生产区。饲养人员对自己的鸡舍要严密看管，不准无关人员随便进入，尤其是其他鸡群的饲养人员和用具更不能进入，自己进入也应先踏消毒垫后再进入，对全部出栏鸡舍，设备要认真清扫，全方位消毒后才能重新进鸡。外购进鸡经 15 天观察后才能并入鸡舍，以免交叉感染。防疫服应每周定期消毒，水槽、料槽要根据季节定期消毒，对鸡舍应定期带鸡消毒，料袋不能重复使用，如再利用也要消毒后再用。对病鸡应深埋或投入尸坑或烧掉。

　　建立鸡群病例档案：对每批鸡，每栋鸡舍都要做好免疫、投药、鸡群体重、病鸡解剖、病理化验的详细记录。这样能找出本场鸡发病的规律，判断如何对症投药，鉴定饲养人员、饲养管理人员的水平和责任心。

加强管理，增强鸡的抗病能力，为使管理制度顺利实施，要有专业生产，兽医人员管理生产，并对饲养员进行养鸡技术培训，并经常进行应知应会的考核评比，促使工人理论联系实际，边学边干，追求养好鸡多收益，按技术指标抓好生产环节。这些环节包括饲料营养、养殖设备、饲喂方法及次数、饲养密度、料位、水位、光照、温湿度等。

二、宫廷黄鸡疫病的诊断和治疗

1. 怎样观察鸡群和病鸡　直接接触鸡群的是饲养员，所以饲养员学会观察鸡群健康与否最重要。

（1）观察鸡的行为、形体　鸡群健康还是病态从鸡的行为和形体完全可以区分。饲养员早上第一次进入鸡舍。如笼养鸡鸡头全部伸出笼外，并朝向门口"格格"地叫个不停，证明鸡群是健康的，采食的条件反射灵敏；若饲养员走进鸡笼鸡仍然无反应，说明鸡病严重。网上养或散养鸡，饲养员早上第一次进鸡舍，鸡全部追逐，迫切要食要水，说明鸡群健康；如行动迟钝或呆立，说明鸡群呈病态。

（2）观察鸡的采食饮水　鸡只有条件反射，本能就是吃喝。不吃不喝是病态。笼养鸡，饲养员每天第一次填料时，凡鸡积极采食，并且低头啄个不停，这肯定是健康鸡；若卧笼不起，不愿意采食的一定是病鸡。散养或网养鸡，饲养员往料桶填料时，到处追逐的是健康鸡；呆立不动的是病鸡。鸡饮水都是用喙啄水，抬头咽下，凡是鸡抬头又低头反复数次或十几次的是健康鸡，凡只见低头饮水一次不再低头的则是病鸡。

（3）观察鸡的灵敏度　鸡群中健康鸡反应灵敏，病鸡反应迟钝。当一个陌生人进入鸡舍，鸡有个别惊叫，甚至带动全群惊叫或轰动全舍，证明反应灵敏，鸡群健康，反之则是病态。当饲养员更换与原防疫服不同颜色服装后，走进鸡群，鸡惊动，条件反射敏锐的，说明是健康鸡，反之则是病态。

（4）观察鸡蛋　宫廷黄鸡Ａ系、Ｂ系种蛋粉色，Ｃ系、Ｄ系种蛋褐色。凡颜色相符的为正常鸡产蛋，凡不符的尤其是白壳蛋，则说明鸡有病或饲料营养不全，代谢不正常。

正常鸡蛋一头大一头小，并且手摸光滑。病鸡病情严重的不产蛋，病轻的产畸形蛋。手摸鸡蛋感到很麻，甚至有突起，多是饲料钙磷比例失调或缺少维生素Ｄ所致；鸡蛋个大而突出的可能是双黄蛋；鸡蛋个小，除鸡日龄小外，多是饲料蛋白质含量不达标；鸡蛋壳不光滑的，则鸡只大多有代谢病；蛋中间有一圈浅沟的蛋是鸡产蛋受惊产的蛋；有惊纹的蛋，是鸡站立或产蛋角度大，而造成的。

（5）观察鸡粪　正常的鸡粪都是雏鸡圆圈、成团，成鸡半圆、粗、成型，多上白下黑；病鸡粪便有红色的、绿色的或白如石灰膏的、黄色的。

（6）观察鸡个体　健康雏鸡活泼好动好叫。健康的育成鸡采食饮水积极、更换羽毛快、生长速度快。

还应由几方面观察鸡健康与否：

羽毛：凡羽毛光滑有油腻感的是健康鸡，凡蓬乱或反毛无光泽的，或其他鸡羽毛整齐而个别鸡脱毛为病鸡。笼养鸡胸光无毛的是笼底磨掉的，是正常现象。

冠和肉垂：宫廷黄鸡Ａ系、Ｂ系有肉冠无肉垂，Ｃ系、Ｄ系肉冠、肉垂都具有。鸡肉冠、肉垂鲜红色属正常。凡发白、发紫、发黑有泡的都是病态表现。

姿态：正常鸡抬头，行动敏捷，病鸡跛行；正常鸡站立收翅，两脚（爪）平行，抬头低头自如，病鸡耷翅，低头或抬头慢，或有转脖，抬头望天现象；正常鸡卧时爪在腹胸下不能见爪，除过于寒冷鸡将头扎在翅下外，一般都抬头而卧，病鸡有的将头歪在一侧，有的闭目，时抬时低，或伸爪颈在一侧，耷翅而卧。

鸡各部位：正常鸡各部位整洁而自然，病鸡肛门周围沾满鸡粪或用喙去啄，或摇头摆尾，或频繁活动，站卧不安。

（7）饲养员发现病鸡怎么处理　饲养员发现病鸡后，首先应记录异常现象和鸡的数量，然后立即报告兽医防疫员和主管生产的场长，千万不能为掩盖问题而不报告。只有这样才能发现问题及早诊断，及时治疗，避免造成重大损失。

2. 鸡病的诊断和治疗常识　诊断的目的是为尽早尽快地识别疫病，判断病种病变，及早对症投药治疗。

（1）诊断内容　诊断主要是兽医人员的工作。为使饲养员人员配合治疗，做一个简单介绍：

流行病学调查：有很多传染病临诊表现相似，但各种病的发病时机、季节、传播速度，以及品种的易感程度、日龄不同，各种病原对药物反应有异，所以必须做好调查工作。对鸡流行病学调查，要了解发病时间，病鸡周龄，病史和该场曾发生过的疫情，以及由何处（场）引种，病鸡场的卫生管理，鸡舍卫生和免疫程序，并应对初发病时的时间、数量，疫苗接种方法、接种时间、疫苗生产厂和本场保存方法都应做详细了解。

临诊诊断：饲养员要向兽医人员提供上述观察结果，兽医还要对鸡的体温、呼吸、头部、被皮、口腔、胸部、腹部、腿，及关节、粪便进行观察。

病理剖检：兽医人员除对鸡各部位检查外，还要对鸡的胸腺、肺和气囊、腺胃及肌胃、肠道、心、肝、脾、胆、肾、鸡泌尿系统、生殖系统进行检查。必要时还要进行病理化验。

（2）免疫和投药方法

滴鼻点眼免疫：滴鼻点眼是雏鸡免疫常使用的方法，主要用于鸡新城疫Ⅱ系、拉索达系、传染性支气管炎、传染性喉气管炎的疫苗的免疫。滴鼻点眼免疫接种准确，效果确实，滴鼻点眼用滴管或用磨秃的 5 mL 注射器。目前，滴鼻点眼疫苗都有瓶装。

2 周龄以下的雏鸡每毫升 50 滴，每只雏鸡 2 滴。如日龄再大，以每毫升 25 滴每只仍可滴 2 滴。为保持疫苗的效力，用于稀释滴鼻点眼疫苗的水，不能用河井自然水，只能用生理盐水或蒸馏水。滴鼻点眼的方法是左手握鸡，用食指拇指固定鸡头扬起、右手用吸药液的滴管，将药液滴入鸡一侧的鼻眼。当雏鸡吸入后再放雏，没有吸入的再滴另一侧的鼻眼，至吸入药液为止。

饮水免疫：饮水免疫适应于鸡日龄较大，群体较大，为防止疫苗失效，在多时间内让鸡接种的一种免疫方法。免疫前要根据气温停水 2~3 h，将饮水器认真清理，然后装好疫苗水，供鸡引用免疫。饮用水应用凉开水，去杂质后将疫苗放入，灌装。水量，2 周龄前 1 000 头份用 10 L；4~5 周龄鸡 1 000 头份用 20 L；8 周龄以上鸡应根据季节适量增水。为使鸡均匀引用免疫水，应以最快的速度将饮用水器放入鸡舍。

注射免疫：注射免疫有皮下注射和肌肉注射。皮下注射主要适用于马立克氏病弱毒苗，新城疫Ⅰ系苗。皮下注射主要在雏鸡颈背部注射。注射方法是左手将雏鸡颈背皮轻捏提起，右手持注射器，针头刺入皮和肌肉中间，然后注入疫苗。肌肉注射主要适用于新城疫疫苗或两联及三联苗，禽霍乱等疫苗，注射部位可选择胸部肌肉，翅内侧肌肉，大腿外侧肌肉。注射时应斜刺进针，不能直刺到骨膜。

气雾免疫：气雾免疫主要用于鸡新城Ⅰ系、Ⅱ系疫苗，拉索达系和支气管炎弱毒疫苗。方法是用压缩空气通过气雾发生器，使稀释的疫苗形成直径 1~10 μm 的雾化粒子、均匀地喷在鸡舍，让鸡吸入体内，起免疫作用。气雾免疫对封闭式鸡舍较实用，半开放、开放式鸡舍一般不采用。气雾免疫适应于大鸡群，不适用小鸡群，

饲料拌药的方法：通常对鸡投喂抗生素、中药、微量元素和维生素、氨基酸等，多采用拌入饲料中，让鸡服用。方法是先用鸡群料量的 5% 作为拌药的载体，然后把药放入载体料堆的上

面，用铁锨拌 3～5 遍，最后将这部分混药料放到全部饲料中再拌 3～5 次喂鸡。饲料中拌药需要注意以下几个问题，一是一次料投喂 2～5 个品种药时，为防止氧化，应将药分别放入几个载体料，先分别混拌，再混在一起；二是料中药一定要拌匀，喹乙醇、痢特灵等过量会引起中毒；三是一定要将药的比例弄清楚，切不可疏忽大意，以免造成重大损失。

饮水投药的方法：饮水投药和饮水免疫方法相同，不再叙述，但有几个问题要注意：投药前饮水器一定要洗刷干净，药的比例一定要正确。建议抗生素拌料投喂，维生素和其他营养饮水效果好，必须将水槽出水口堵死，以防药液流失。

3. 宫廷黄鸡常用疫苗

（1）鸡新城疫疫苗　新城疫Ⅰ系适用于已接种过Ⅰ系苗、拉索达系疫苗的 2 月龄以上的鸡，雏鸡阶段最好不用此系疫苗。Ⅰ系苗适用于生理盐水和蒸馏水、凉开水稀释 100 倍，每只鸡肌肉注射 1 mL，疫苗注射后 3～4 天产生免疫力，免疫期为一年。

新城疫Ⅱ系苗比Ⅰ系毒力弱，接种安全，用蒸馏水、生理盐水或凉开水稀释 10 倍，滴鼻点眼使用，Ⅱ系苗也可以饮水免疫，但每只鸡药量达 0.01 mL(g)。Ⅱ系苗接种后 7～9 天产生免疫力，免疫期为 3～4 个月。

鸡新城疫拉索达系疫苗适用于各种日龄的鸡，0～42 日龄的雏鸡最好。免疫剂量和方法，稀释比例使用方法与Ⅱ系疫苗相同。

（2）马立克氏病冻干苗　火鸡疱疹病毒疫苗适用于出壳雏鸡，购买此苗都有磷酸盐冲洗液、稀释液匹配，每只雏鸡皮下注射 0.2 mL。该疫苗 10～14 天产生免疫力，免疫期为 1 年。

鸡马立克氏病"814"弱毒疫苗，该品的使用方法、剂量都与火鸡疱疹疫苗相同。疫苗接种后 8～10 天产生免疫力，免疫期为 18 个月。宫廷黄鸡使用该疫苗较为适宜。

（3）鸡痘鹌鹑化弱毒疫苗　鸡痘鹌鹑化弱毒疫苗适用于各种

日龄的鸡。使用时，按苗纯含量用50％甘油盐水或生理盐水稀释100倍或200倍，先摇匀后再使用。用刺种针或用磨尖的钢笔尖蘸取稀释疫苗接种。24日龄内雏鸡用稀释200倍的疫苗刺种，70日龄鸡用稀释100倍疫苗刺种。

接种后有反应的3～4天接种部位微现红肿、结痂，2周后痂皮脱落。

(4) 鸡传染性支气管炎弱毒疫苗　该病有两种疫苗，即H120、H52。免疫方法，雏鸡用H120免疫，1～2月龄用H52加强免疫。该苗用生理盐水、蒸馏水或凉开水稀释10倍，每只鸡滴鼻1滴。疫苗接种后5～8天产生免疫力。免疫期H120疫苗为2个月，H52为6个月。

(5) 鸡传染性喉气管炎ILT疫苗弱毒苗　该疫苗用生理盐水稀释10倍，每只鸡滴鼻点眼1～2滴，5周龄滴1次，10～12周龄加强免疫一次。最后一次免疫免疫期为12～18个月。

(6) 鸡传染性法氏囊弱毒胚疫苗　该疫苗用生理盐水稀释10倍，每只鸡滴鼻点眼1～2滴，5周龄1次，10～12周龄加强免疫一次。最后一次免疫期为12～18个月。

(7) 疫苗的保管和运输　疫苗的保存方法：各类疫苗都有相应的保存温度和有效使用期。凡弱毒冻干苗都应在0℃以下保存（放在冰箱冰槽中保存）。为防止短时间停电造成升温，应在冰槽中应放几个冰袋。一旦停电10～15 h，则可以依靠冰袋使温度保持在0℃以下。为了将温度控制在0℃以下，还应在冰槽中放置温度计，方便停电后检查温度，如温度升高，则应立刻转移。凡油剂灭活苗、组合灭活苗铝佐剂应在2～8℃下保存（放在冰箱的保鲜层中保存），均不能冷冻，否则会产生凝结块，影响疫苗的接种效果。关于疫苗使用期的问题，疫苗包装上都有说明，如果超期则不应再使用，否则达不到免疫效果。

运输疫苗的方法：气温在0℃以上，购买疫苗一定要带保温箱或保温瓶，将冻干苗和冰块放入，气温超过8℃，油苗也应放在保温瓶中（底部放冰块上边放疫苗）。

（8）使用疫苗注意事项　雏鸡从母体获得的免疫力或免疫接种后所获得的免疫力都有一定的期限，即免疫期，当抗体效价降到一定程度，则失去免疫力，此时必须再次加强免疫接种。免疫时间并非越早越好，免疫过早过晚，均可引起免疫失败，所以要按照免疫程序进行。为恰当免疫，应注意以下几个问题：混合疫苗受到日光照射，影响疫苗效价，温度在 30 ℃以上照射疫苗，会影响其效价。病鸡弱鸡不能接种疫苗，因为病鸡弱鸡免疫系统弱，对疫苗耐受力差，反而会导致其发病。饮水疫苗，因其是真空包装，所以应在水中开启，以防空气污染；接种疫苗应选择玻璃、塑料、瓷器容器，不用金属容器，以防止氧化降效；疫苗接种时应避免水中有任何消毒剂和抗生素，以免降低效价；接种剂量一定要按照说明书要求进行，否则会影响免疫效果。

三、宫廷黄鸡应预防的传染病

我国的鸡的传染病很多，现仅介绍宫廷黄鸡在培育过程中遇到的几种疫病。马立克氏病和鸡新城疫由于开始育种就进行免疫，故也未发现这两种病。法氏囊病虽未免疫，但未发现该病，而异地饲养的商品鸡有见发病，所以各地引进时应具体问题具体对待，做好传染病免疫防疫工作。

1. 鸡新城疫　新城疫又称亚洲鸡瘟，我国民间俗称鸡瘟。新城疫是由副黏病毒引起的一种主要侵害鸡和火鸡的急性、高度接触性和高度毁灭性急性病。诊断上表现呼吸急促，下痢、神经症状，黏膜和浆膜出血，常呈败血症。

（1）病原　该病病原实属副黏膜病毒科的一种病毒，主要存在于鸡的气囊、气管渗出物、脑肺脾及各种分泌物的排泄物中。该病毒抗力弱，日光曝晒，煮沸及高温环境下易被杀死。该病毒在 60 ℃ 30 min，70 ℃ 2 min，100 ℃几秒钟能被杀死，对阴湿寒冷抗力强。

（2）流行特点　该病对各年龄各品种的鸡，以及野鸟、火鸡均有传染性。该病一年四季均可发生，春秋发病多。该病通过直接接触、粪便、羽毛、饲料、用具、地面环境传染。

该病的传染途径主要是消化道和呼吸道，鸡群一旦传入该病，急性的常在 4～6 天波及全群。死亡率 90%以上，免疫差的也有慢性发作的，死亡率 40%以上。

（3）症状　按病的症状分急性型和慢性型。急性型病鸡呼吸高度困难，伸颈张口；从有病态至死亡 3～4 h；年龄越小的越严重；部分病鸡歪头转颈，排黄白色、绿色稀便，嗉囊有稀酸臭液味。

（4）剖检　主要病变是气管充血、出血；腺胃乳头充血出血，成鸡比雏鸡明显，十二指肠有出血炎症，内容物脓状；小肠后段，黏膜有时出现豆粒大溃疡灶，有的脑膜有出血点。

（5）发病后措施　鸡场若发生该病应立即将病鸡隔离，然后将病鸡送到有关兽医诊断部门解剖并作病理化验。其后对病鸡群进行抗体测定，刚发病的鸡抗体多在 4 倍以下，发病后康复的鸡抗体多在 500 倍以上。

（6）防疫措施　新城疫主要是依照免疫程序按期、按时用有效的疫苗接种免疫。发病后的鸡场，无论是局部还是全场，都要彻底封场消毒；对病死鸡采取焚烧或挖坑深埋处理；对有可能带病毒的鸡进行检测接种，并在饲料中添加维生素 A、维生素 C以提高鸡只抗病能力；鸡舍内外用具和工具用 2%～4%火碱至少消毒 3 次。

（7）中草药　鸡熏散，《兽医本草拾遗》。

【处方】千里光、蒲公英、黄柏、黄连、白头翁、艾叶、金银花、穿心莲、信石、青蒿、青黛共 11 味各等份。

【制作】将 11 味混合粉碎后粗筛备用。

【功能】清热解毒、杀菌、消炎。

【主防】新城疫、大肠杆菌。

【用法与用量】用木炭、锯末点燃后放一厚铁板或铁锅，将药粉投入。最上面 1/5 用水潮拌，盖上边一层。每立方米 10～15 g，一次性熏蒸使用。现在成品熏药可购买使用。

【贮藏】密闭、防晒、防潮。

【编者按】该方剂的剂量：熏蒸方法是根据笔者实践经验制定的。笔者养鸡 20 多年曾遇到过两次鸡新城疫，20 世纪 80 年代末艾维茵父母代患急性新城疫，发病后用Ⅰ系苗以毒攻毒无效，一批中雏"全军覆没"，第二次是 1999 年宫廷黄鸡大雏患急性新城疫，刚刚出现死亡，解剖诊断后立刻用鸡熏散夜间熏，白天投药，投药当天仍有 1‰死亡，次日 0.5‰死亡，3 天停止死亡。此法供参考使用。

2. 马立克氏病　鸡马立克氏病是淋巴组织增生性肿瘤病。其特征为外周神经淋巴样细胞浸润和增长，引起肢（翅）麻痹，以及性腺、虹膜、脏器、肌肉、皮肤肿瘤病灶。宫廷黄鸡、商品鸡均进行免疫，未见发病。

（1）病原　该病原疱疹病毒的 B 亚群，共分 3 个血清型，血清Ⅰ型，对鸡致病至瘤，有超强、强毒株；血清Ⅱ型对鸡无致病性，主要有 SB-1 和 301B；血清Ⅲ型对鸡无致病性。

（2）流行特点　该病鸡易感染，火鸡、山鸡、鹌鹑少感染，哺乳动物不感染。病鸡和带毒鸡是传染源，尤其是鸡羽毛囊上皮内存在大量完整的病毒，随皮屑污染环境，成为主要传染源，发病最早在 8 周龄。

（3）症状和剖检　临诊分为 4 个类型，即神经型、内脏型、皮肤型和眼型。

神经型：以坐骨神经和臂神经最容易受侵害。坐骨神经受害一侧麻痹，自然站立不稳，多呈劈叉姿势；臂神经受害，翅膀下垂，剖检可见受侵神经水肿变粗，横纹消失，出现小关节，这种类型多见。

内脏型：常见 50～70 日龄鸡。病鸡神经萎靡，行动迟钝，面苍白，食欲不振，有的下痢。这种类型也多见，剖检肝、脾、肾可见肿瘤。

皮肤型：不屠宰时难以发现。病鸡毛囊肿大，皮肤出现结节。这种类型少见。

眼型：病眼一侧失明，虹膜褪色，瞳孔边缘不整齐。轻者承鱼眼状，重者完全失明。

（4）防治措施　本场雏鸡最好在出壳 24 h 之内注射马立克氏疫苗，外引鸡雏一定注射马立克氏疫苗后再进场。有条件的最好自繁自养，防止应激因素。如鸡群发病，应彻底对环境消毒，使用火焰消毒最好。

3. 传染性法氏囊病　鸡传染性法氏囊病又称腔上囊病。该病是一种急性传染病，其特点是病鸡排白色稀便，法氏囊肿大，浆膜下有胶冻样水肿液。目前在南方养的商品鸡个别批次有发病现象。

（1）病原　病毒属双核糖酸病毒。该病毒耐受乙醚氯仿，对紫外线有抗力，耐酸但不耐碱。1％石炭酸，福尔马林或 70％酒精处理 1 h 杀死病毒。3％石炭酸、甲酚 30 min 杀死病毒。该病毒分两个血清型，Ⅰ型对鸡致病，Ⅱ型对火鸡致病。

（2）流行特点　该病只有鸡感染发病，易染性与鸡法氏囊发育有关。2～5 周龄易染，以 3～5 周龄最易染，成年鸡也有隐性感染，该病经呼吸道，消化道，眼结膜均可感染，呈突然暴发，传播迅速，发病率达 100％，新疫区死亡率 50％，老疫区最少5％。死亡多在发病 3～4 天，第 4 天减少，1 周后停止死亡。该病发生后常继发球虫病和大肠杆菌病。

（3）症状　病初排白色稀便，病情加重后，病鸡颈羽毛蓬乱，怕冷扎堆，呆立或伏卧，步态不稳，浑身颤抖，肛门周围污染白色粪便，个别鸡带血；发病后期有脱水症状，爪与皮肤干枯，最后衰竭死亡。

（4）剖检诊断　剖检，法氏囊肿大，胸肌和股肌呈条状出血，表面浆膜下有黄色胶冻样物是其特征。有时整个法氏囊出血呈紫葡萄状，切开后可见乳白色黏稠干酪样物。黏膜呈出血状，腺胃与肌胃有出血带，腺胃乳头出血。

鸡马立克氏病有时引起法氏囊萎缩，磺胺药物中毒及维生素K缺乏症内脏出血与法氏囊出血相似。

（5）防治措施　做好疫苗接种。为保障母原抗体，最好种鸡在产蛋前注射一次油佐剂苗使雏鸡20日龄内产生抗病毒能力，雏鸡分别于14日龄和24日龄再用弱毒苗免疫。另外，对鸡舍做好消毒工作，并在饲料中添加维生素C以提高鸡只抗病能力。

对于病鸡可注射康复鸡的血清，或高免卵黄抗体0.5～1 mL，效果显著。发病后还要注射大肠杆菌的预防性治疗。

（6）中草药　扶正解毒散，《中华人民共和国兽药典》2000年版二部（375页）

【处方】板蓝根60 g、黄芪60 g、淫羊藿30 g。

【制法】以上3味，粉碎、过筛、混匀既得。

【鉴别】取该品置显微镜下观察，纤维成束或散离，避厚，表面有裂纹。两端断裂呈埽状或较平截，非腺毛3～10个细胞，长200～1 000 μm，顶端细胞长，有的含棕色或黄棕色物。

【功能】扶正祛邪，清热解毒。

【主治】鸡法氏囊病。

【用法与用量】鸡0.5～1.5 g

【贮藏】密闭、防潮。

【编者按】此方笔者曾于1999年春用于患病67日龄的宫廷黄鸡，用铁锅煮沸15 min粉剂，待温全天兑凉白开水饮用，次日见效，4天痊愈，死亡率仅0.5％。

4. 鸡痘　鸡痘又称鸡白喉，是由鸡痘病毒引起的一种急性传染病。该病传播快，发病率高，宫廷黄鸡种鸡夏季曾有过发病。该病分皮肤型和黏膜型。

（1）**病原**　病原属痘病毒科禽痘病毒属。病毒对外界环境有高度抵抗力，存在于上皮细胞屑中的病毒完全干燥和阳光照射后仍保持活力。但游离的病毒在1‰氢氧化钠、10％醋酸中很快消灭。

（2）**流行特点**　鸡和火鸡易感。鸡不分年龄、性别、品种、各季节均可发病，夏季最多。发病多是病鸡和健康鸡接触，蝇蚊也可传播，人工授精也能传染。

（3）**症状**　皮肤型，雏鸡多发病，病初在冠、肉髯、口角、眼睑、腿等处出现红色隆起的圆斑，后变为痘疹，初为灰色，后变为黄灰色。1～2天后，病变周围出现新的痘疹。病后冠等无毛处皮脱落形成瘢痕，如果眼出痘疹，则失明。

黏膜型，多发生于青年鸡和成鸡。主要在口腔、咽喉和气管黏膜表面发病。发病初为鼻炎症状，鼻孔流黏液，2～3天后生成一种黄白色小结节，突出黏膜表面，后形成干酪样假膜。由于很像人的白喉，故又称白喉性疫病。病严重者，呼吸困难，吞咽困难，最后窒息死亡。

（4）**剖检**　除皮肤和口腔黏膜典型病变外，口腔黏膜病变可延伸至气管、食道和肠，肠黏膜可出现小点状出血，肝、脾、肾异常肿大，心肌实质性变性。

（5）**预防措施**　目前除预防接种疫苗外，还有搞好环境卫生，消灭蝇蚊传播媒介等措施。

（6）**治疗方法**　目前西药无特效药。主要对症治疗，以减轻病症，防止发生并发症。皮肤型病鸡可以用镊子将病膜剥离，在伤口上涂碘酊或龙胆紫，黏膜型涂碘甘油。碘甘油制法：碘化钾2 g，加蒸馏水10 mL，溶解后加碘3 g、甘油100 mL，装瓶备用。

（7）**中草药**　五味消毒散，胡元亮《中兽医学》原引《医宗金鉴》。

【处方】金银花 90 g，野菊花 60 g，蒲公英 90 g，紫花地丁 90 g，紫背天葵 30 g。

【功能】清热解毒疮痈。

【主治】各种病痈疮肿毒，治鸡皮肤、白喉、混合 3 种鸡痘。

【方解】该方是治疗痈疮肿毒的常用方剂。疮痈肿毒多由于受湿热火毒。或内生积热，气血壅带，热毒浸淫肌肤而成。应以清热解毒为治则，方中金银花清热解毒，消散臃肿为主药。紫兰地丁、紫背天葵、蒲公英、野菊花清热解毒疮痈重毒，均为辅佐药。各药合用清热解毒之力甚强。加酒以助药势，行血脉。可增强消散痈疮作用。为使药诸药合用，可使用疗疮肿毒消散。

【用法】水煎取液，候温，加黄酒 120 mL 灌服。

【用量】鸡 1～3 g。

【应用】用于痈疮肿毒，红肿热痛、坚硬根深、舌红脉数证候；热重，加连翘、黄芩等；肿甚，加防风、蝉蜕；血热毒盛，加赤芍、丹皮、生地；用于乳痈，加瓜蒌皮、贝母、丹皮。该方可外用调敷患部，鲜品效果更好。

5. 鸡传染性支气管炎 鸡传染性支气管炎是由冠状病毒引起的急性、高度接触性传染病。临诊分为呼吸道和肾病理变化两型。宫廷黄鸡经过免疫未见发病。

（1）病原 病毒能在发育的鸡胚中生长发育，也能在器官组织培养中增殖。病毒 56 ℃ 15 min，45 ℃ 90 min 消灭。

（2）流行特点 该病毒各日龄的鸡均可感染，但雏鸡发病率高。病鸡康复后带毒 49 天，该病主要是通过病鸡和健康鸡接触传染。病毒主要存在于鸡呼吸道、肾脏。法氏囊中，也可通过呼吸、饮水、饲料传染。

（3）症状和诊断 病鸡未见明显症状和前兆，常为突然发病，并迅速波及全群。雏鸡表现为伸颈、张口呼吸、咳嗽、有声响，尤其夜间更清楚，病重后，精神萎靡，食欲废绝，羽毛蓬乱，两翅下垂，昏睡，怕冷扎堆。14 日龄以内常见鼻窦肿胀，流黏鼻液，流泪，鸡体渐消瘦。两月龄以上的鸡主要表现为呼吸困难，咳嗽，打喷嚏，有啰音。产蛋鸡产蛋率下降，并产软蛋，畸形蛋，粗壳蛋。

雏鸡的传染性支气管炎由于发病率高，病鸡高度呼吸困难，很容易和新城疫混淆，但新城疫出现扭颈，多剖检几只可发现乳头出血。

（4）防治措施　一是主要鸡舍内的温度不要波动很大；二是按免疫程序按时免疫接种；三是雏鸡发病后立刻采取措施，提高舍温，立即投喂土霉素、强力霉素配合地塞米松进行治疗。

6. 鸡传染性喉气管炎　鸡传染性喉气管炎是由疱疹病毒引起的一种急性呼吸道传染病。宫廷黄鸡用疫苗进行免疫未见发病。

（1）病原　疱疹病毒可在鸡胚的尿囊膜上形成典型的痘斑，也可在胚肝细胞、鸡胚肾细胞、鸡胚细胞培养物上生长繁殖。病毒对脂类溶剂、热和各种消毒剂均敏感，在3%甲酚或1%碱溶剂1 min杀死。

（2）流行特点　该病对各种日龄的鸡均可传染，4～10月龄成鸡严重，表现出典型症状。该病野鸡、鹌鹑、孔雀和火鸡雏也可感染。其他禽和哺乳动物不感染，自然感染潜伏期6～12天。

病鸡和带病毒鸡是主要传染源，经呼吸道和眼感染，通过设备工具、垫料也可传染。注射强毒疫苗后，更易散毒污染环境。

（3）症状　该病临诊分两型。

急性或喉气管型主要发生于成鸡，短期内全群感染。病鸡表现为精神萎靡、厌食、呼吸困难并伸头张口，还有鸣音和咳嗽。剖检可见喉部黏膜有黄色和带血黏液或血凝块存在。病程10～14天。

温和型或眼结膜型，主要发生于30～40日龄鸡，症状较轻，病初眼角有泡沫分泌物，流泪，眼结膜炎，并轻度充血，后眼睑肿胀粘连。严重的丧命。病后期角膜混浊，鼻有浆液性分泌物，并偶见呼吸困难，生长缓慢，死亡率5%左右。

（4）防治　预防措施是改善鸡舍通风，严格消毒。搞好4周龄、6周龄、10周龄滴鼻点眼接种免疫。发病后用杀菌剂每天1～2次带鸡消毒，环境消毒，可投喂氢化可的松、土霉素、泰乐菌素。

（5）中草药　喉炎净散，《中华人民共和国兽药典》2000年版二部。

【处方】板蓝根840 g，蟾酥80 g，合成牛黄60 g，胆膏40 g，甘草40 g，青黛24 g，玄明粉40 g，冰片28 g，雄黄90 g。

【制法】以上9味，取蟾酥加倍量白酒，拌匀，放置24 h，干燥得制蟾酥，取雄黄水飞或粉碎成细粉，其余板蓝根7味药粉碎成粉末过筛，混均，再以蟾酥、雄黄焙研既得。

【性状】本品棕褐色粉末，气味异，味苦，有麻舌感。

【功能】清热解毒、通利咽喉。

【用法与用量】鸡0.05～0.15 g。

【贮藏】密闭、防潮。

【编者按】2004年底，笔者在北京市门头沟区清水养274只宫廷黄鸡，由于免疫失败致使发病，发病初使用该方，投药次日症状减轻，3天后症状消失，治愈率100%。

7. 鸡慢性呼吸道病　鸡慢性呼吸道病又称呼吸道支原体病，是由鸡败血支原体引起的一种慢性呼吸道传染病。宫廷黄鸡商品鸡回收时曾发现过该病。

（1）病原　该病由支原体引起。支原体形态差异很大，为球杆状或丝状，对一般消毒剂均敏感。耐寒性强，5 ℃环境存活5周，－30 ℃存活2～3年。

（2）流行特点　鸡和火鸡是支原体的主要宿主，其他禽也可感染。4～8周龄鸡最易染。该病主要通过饲料、饮水和呼吸道分泌物直接接触传染。并可通过蛋垂直传染。该病一年四季均发生，以寒冷季节多发。该病和大肠杆菌混合感染发病率高。

（3）症状和病理　病鸡表现为食欲减退，生长发育迟缓，增重减慢，时有咳嗽、喷嚏和呼吸音，眼流泪，病鸡严重眼睑肿胀，双目紧闭，低头缩颈呆立，病程长的眼内有干酪样分泌物，有时鼻窦内有干酪样渗出。成鸡患鸡产蛋率下降，产软蛋增加，鼻道、气管、支气管有卡他性炎症，黏膜肿胀，表面有灰白色黏液，严重病例可见纤维性或纤维素脓性肝周炎，心包炎。

（4）防治　改善鸡舍通风条件，减少应激因素，并做好消毒工作，用抗菌广谱的土霉素、四环素、金霉素、卡那素等治疗均有效。

8. 鸡白痢　鸡白痢是由沙门氏菌引起的各年龄鸡发生的一种传染病。雏鸡发生急性败血病，表现为发热，排灰白色粥样或黏性液的粪便。成鸡以损害生殖系统为主。

（1）病原　病原为两段稍圆的细长杆菌，革兰氏染色阴性。病原存在于鸡的内脏中，以肝、肺、卵黄囊、睾丸和心脏中最多。病菌抗力很强，室温下可存活 7 年，土壤中存活 14 个月，鸡舍内存活 1 年，但一般消毒剂都能消灭该菌。

（2）流行特点　鸡是沙门氏菌的主要宿主，火鸡也是宿主，其他禽可感染。该病易染性强，但不同品种有区别。轻型鸡比重型鸡易感。病鸡的排泄物是传播的媒介物，可以传给同群未感染的鸡。带菌鸡消化道尤其是肠道有大量病菌。病毒随排泄物排出体外，污染饲料和饮水环境，同鸡群吃入可染病，是该病的主要传染源。带菌鸡的卵巢有大量病菌，产出受精蛋不但可以垂直传染下一代，而且还污染孵化设备。

（3）症状

胚胎感染：胚胎感染出现死胎。弱雏一般 1～2 天死亡。

雏鸡白痢：雏鸡多在 5～7 天发病。病鸡精神沉郁，低头缩颈，闭目昏睡，怕冷扎堆，嗉囊膨大而充满液体，突出表现为拉石灰浆状粪便，粘在肛门周围羽毛上，有的肛门被粪便封住不能排便，有的病雏鸡呼吸困难，伸颈张口，有的关节肿胀，跛行，死亡高峰在 2～3 周龄，康复后终身带菌。

青年鸡白痢：青年鸡白痢多见于 40～80 日龄鸡。突然发病，病鸡拉白色粪便，出现零星死亡。饲养环境、饲料改变，气候改变，死亡较多，一般达到 10%～20%。

成年鸡白痢：成年鸡多是由带菌者转化而来，呈慢性和隐性，不见明显临诊症状。该病严重影响产蛋率、孵化率和健雏率。

（4）病理变化　雏鸡呈败血症，卵黄吸收不好，变成淡黄色并呈奶油干酪样黏稠物，心包增厚并有灰白色小点，脾肿大，质地脆弱；青年鸡的肝脏为正常鸡的数倍，触摸有红色或白色小点，腹腔有血水或血块，脾肿大，心包膜黄色，肠道呈卡他性炎症；成年鸡主要是卵巢卵泡变形，卵子变成梨状、三角形或不规则形。

（5）治疗　抗菌药物治疗，磺胺甲基嘧啶、二甲基嘧啶为首选药，在饲料中加 0.5%，饮水中加 0.1% 连续用药 5 天停药 3 天，使用 2～3 个疗程，用 0.01%～0.015% 的氟哌酸、0.1% 土霉素拌料均有效，使用促菌生、调倒生、乳酸菌更好。

（6）中草药　原引《中兽医方剂》。

【处方】雄黄 4 g，藿香 10 g，滑石 16 g。

【功能】清热解毒、燥湿止痢。

【主治】雏鸡白痢。

【方解】该方是治疗痢疾的有效方剂，痢疾多因外感火毒湿热，或因饲料腐败，食后火毒湿侵扰胃肠所致。方中雄黄燥热解毒为主药，辅以滑石清热渗湿止泻，以藿香化湿行气和胃止泻为佐药，诸药适用清热解毒、燥湿止痢。

该方的药理作用与抗菌、调整胃肠运动，促进消化液分泌有关。

【用法】共为末，冲服，或制成舔剂内服。

【用量】鸡 1～3 g，其他动物酌情加减。

【编者按】经笔者施用，该方对雏鸡患病有效。

9. 鸡球虫病　鸡球虫病是由艾美耳属的各种球虫寄生在鸡的肠道内引起的一种疾病，特征是鸡贫血和血痢。宫廷黄鸡曾有发病。

(1) 流行特点　鸡体内球虫有多种，致病的主要有两种，即脆弱艾美球虫和毒害艾美球虫。脆弱艾美球虫寄生在盲肠，主要危害雏鸡，能引起雏鸡盲肠球虫病。毒害艾美球虫寄生于小肠段，能引起青年鸡、成年鸡小肠型球虫病。球虫病主要危害10~50日龄雏鸡，患鸡死亡率高，甚至急发性造成大批死亡。球虫病通过消化道感染，只要鸡食入被病鸡污染的饲料、垫料、沙粒中的虫卵就被感染。鸡舍湿度过大、缺乏维生素A和维生素K均能诱发该病。

(2) 症状　盲肠型球虫病鸡，食欲低下，排稀粪便，病情严重时出现消瘦，闭目缩颈，翅膀下垂，羽毛松乱，采食少，饮水增加，排带血便或鲜血，一旦卧而不起，多将死亡。小肠型球虫病多发生在35日龄以上的鸡，表现症状与盲肠型相似，但粪便没有鲜血。

(3) 防治措施　育雏15日龄起在饲料中添加氯苯胍0.003%，5~7天，停喂2~3天，一般两个疗程。治疗药量加倍。

(4) 中草药

方一：驱球散，胡元亮《中兽医学》

【处方】常山2 500 g，柴胡900 g，苦参1 850 g，青蒿1 000 g，地榆炭900 g，白茅根900 g。

【功能】清热燥湿、止痢血便。

【制法】该方六味药加蒸馏水14 L煎至1 000 mL，煎3次，将3次所得药液混合2 800 mL备用。将各味药粉碎，混均筛后备用。

【用法与用量】将药液掺水配置25%浓度，每只鸡每天用药液3 g，饮水投喂3次。药粉混拌饲料，预防量每天每只鸡

0.5～1 g，连续投喂 5～8 天。治疗量每只鸡每天 2 g。

【贮藏】液密闭防高温，粉密闭防潮。

方二：球康，《中草药防治畜禽传染病》

【处方】党参 10 g，黄芪 10 g，白术 10 g，当归 10 g，熟地 10 g，常山 15 g，青蒿 15 g，柴胡 10 g，甘草 10 g。

【制法】方剂九味药粉碎后，混拌均匀，过 30 目筛。将药重折合百分比，然后根据需要量称重制作。

【功能】清湿热、止血痢。

【用量用法】预防量，每只 0.5%，治疗量，每只 1%，均混于饲料投喂。

【贮藏】密闭放日晒，防潮。

10. 鸡大肠杆菌病　鸡大肠杆菌，我国南北方广泛存在，宫廷黄鸡也时有发生。该病雏鸡发病率高，死亡率高。鸡群中有呼吸道病、新城疫、支气管炎、传染性法氏囊病常继发该病。

（1）流行特点　该病经消化道、呼吸道、蛋壳、配种传染，一年四季均可发生。但是冬末春初多见发病。平时饲养密度过大，也易发病。

（2）症状　急性败血型，鸡突然停食扎堆，排黄白稀粪，肛门周围羽毛污染，解剖可见心包积液，心包膜增厚，甚至与心肌连接，也有的会出现纤维性毒性肝周炎。

卵黄性腹膜炎，大肠杆菌侵害输卵管产生炎症。卵黄跌入腹腔，引发腹下坠，腹膜炎死亡。该症多发生在产卵期。

关节足垫肿，该症多发生于中雏，症状为跛行。

（3）预防措施　以防为主。干净水源、饲料，用具消毒，防止大肠杆菌进入消化道。

【治疗】痢菌净按 0.02% 比例溶水，让鸡饮水 3 天。病鸡严重的可注射庆大霉素 0.5 万～1 万 U，卡那霉素 30～40 mg，以上两种每天 1 次连续 3 天。

（4）中草药 《中兽医方剂精华医禽方》

【处方】黄柏、黄连各 100 g，大黄 50 g。

【制法】将以上三味加水 1 500 mL，微火煎熬至 1 000 mL，过滤出药汁，然后将药再按前法煎二次，两次药汁备用。温高易腐败，制好药汁待温立刻服饮。

【功能】清热解毒。

【主治】雏鸡传染性大肠杆菌。

【用法用量】鸡饮水，将药汁加 10 倍水稀释，此量可供 1 000只雏鸡自己饮水 1 天。

四、宫廷黄鸡普通病的防治

1. 鸡羽虱 鸡羽虱是体外寄生虫，种类很多，有头虱、羽虱、体虱 3 种。宫廷黄鸡曾发生该病。

（1）流行特点 头虱寄生于鸡头和颈部，对雏鸡危害严重。虱深灰色，长 2 mm 左右。羽虱寄生在羽杆上，体型小于头虱。体虱寄生在鸡的肛门下，以羽毛、皮屑血液为食，体长 3～4 mm。鸡舍小、鸡密度大而潮湿，易生虱。它的生活全部在鸡体上完成，靠直接接触传播。

（2）症状 鸡体寄生羽虱后，刺激皮肤发痒，羽毛脱落，鸡不安宁，生长受阻，生产性能下降。

（3）防治措施 目前大规模养鸡，无法实行沙浴，只能加强室内通风，然后用 0.5% 敌百虫或 1.25% 马拉硫磷喷洒鸡体，杀灭鸡虱。

2. 胆碱缺乏症

（1）病因 鸡对胆碱的需要量比其他维生素要高，尽管体内能合成部分胆碱，但不能满足鸡只代谢的需要量，尤其是雏鸡阶段，合成量太少，主要靠饲料中供给，如果饲料缺乏蛋白质，玉米占比例又大，且胆碱添加不足，则易发生胆碱缺乏症。

（2）症状 雏鸡缺乏胆碱，生长缓慢，发育不良，脾肿大，肾出血，胫骨粗短，脱腱，与缺锰症状相似。成年鸡缺乏胆碱会造成脂肪在肝脏沉积，特别是笼养鸡活动量少，饲料中玉米多，蛋氨酸、胱氨酸不足，易发生脂肪肝，影响产蛋率。

（3）预防措施 一般多种维生素添加剂不含胆碱，需要补充胆碱，商品胆碱又称氯化胆碱，含纯品50%。对于宫廷黄鸡，无鱼粉饲料配方可添加0.002%胆碱。

3. 维生素D和钙磷缺乏症

（1）病因 饲料中维生素尤其是维生素D和钙磷添加量不足，尤其饲料骨粉补充不足，出现钙磷比例失调。

（2）症状 雏鸡表现为生长发育缓慢，羽毛蓬乱，腿脚无力，喙和爪软而弯曲，走路摇摆不稳，甚至用飞节着地，骨骼变软或肿大，也易产生啄癖。成鸡表现为产蛋率下降，精液品质恶化，孵化血蛋增加。

（3）防治措施 如钙磷比例失调，出现腹泻，应调整、补足，如因维生素D不足影响钙磷吸收，则需要补足维生素D_3并配合补充鱼肝油。病鸡经饲料正确补充钙、磷和维生素D_3。病鸡5～7天康复。

4. 维生素E、硒缺乏症 硒是谷胱甘肽过氧化物酶的一种成分，能催化还原型谷胱甘肽变成氧化型谷胱甘肽，使有毒的氧化物还原无毒的物质。维生素E既是抗氧化剂，又是生育酚和抗应激物质，维生素E能与不饱和脂肪酸结合，制止挥发性脂肪酸代谢产生大量有毒过氧化物，所以硒和维生素E具有维持膜完整性功能，一旦缺乏，就会出现脑软化症和繁殖能力低症状。

（1）病因 有的地方土壤缺乏硒，因此所生产的玉米也缺乏硒，如东北玉米。维生素E很不稳定，在酸败脂肪碱性物质及光照下极易破坏，存放时间长容易失效。

（2）症状 脑软化症，常发生于15～30日龄的雏鸡。病雏鸡出现运动失调，头向后背或向下弯曲，间歇性发作，剖检可见小脑软化，脑膜水肿，有时可见坏死灶。

渗出性素质，常发生于 2～4 周龄雏鸡。典型症状是翅下和腹部皮肤青紫色，皮下有绿色胶冻样液体，剖检可见肌肉有条纹出现。成年鸡缺乏维生素 E 和硒，无明显症状，但母鸡产蛋率下降，公鸡睾丸变小，性欲不强，精子减少，活力差，母鸡血蛋多，受精率低。

（3）防疫措施　在饲料中添加硒，以亚硒酸钠形式补充。

患脑软化症鸡：用 0.5％ 花生油混入料中，每只鸡添加维生素 E5 mg。

渗出性素质和白肌病，用亚硒酸钠按每千克水 1 g 饮用，连饮水 1～2 天，效果显著。喂亚硒酸钠一定不能超量，否则会造成中毒。

成年鸡缺乏维生素 E、硒时，在每千克饲料添加维生素 E150～200 mg，亚硒酸钠 0.5～1 mg 或大麦芽 30～50 g 连喂 2～4 周，并增喂 5％青绿饲料。

5. 雏鸡脱水　脱水雏鸡出壳后未及时饮到水，体内严重缺水，直接影响其生长发育和成活率。

（1）病因　脱水雏鸡表现为身体消瘦，体重减轻，胫趾干燥无光，严重的胫趾发白。雏鸡脱水一旦及时饮水则可恢复正常。温度超过 34 ℃，超过 2 h，可造成雏鸡严重脱水，使死亡率增加。

（2）防治措施　防止雏鸡脱水应从种蛋保管开始，孵化种蛋保存期不超过 7 天，超过 10 天则不能在用来孵化，相对湿度以 75％～80％为宜。在夏季雏鸡孵化至初次饮水不超过 36 h，万一造成雏鸡严重脱水，可用生理盐水、葡萄糖水让鸡饮用。

6. 痛风病　痛风病是因蛋白质形成的尿酸盐排泄受阻，引起的一种代谢病。主要是脏器表面或关节形成白色的尿酸盐。

（1）病因　该病是大量饲喂蛋白质饲料，尤其是动物性蛋白饲料以及钙量过高，而肾机能不全尿酸盐排泄受阻发病。肾机能不全，有多种因素，如维生素 A 缺乏，长期投服磺胺类药物，患支气管炎，高钙日粮尿酸，排泄受阻，使其积于血液，并沉积组织器官表面致病。

（2）症状　患病鸡精神不振，食欲减退，消瘦，贫血，粪便稀薄，含大量尿酸盐，呈粉糊样，因为肛门松弛，粪便经常自流，污染肛门周围羽毛。病鸡有零星死亡，剖检发现肝表面、心外膜、肠壁有白色粉末尿酸盐，肘关节内有尿酸盐存在。

（3）防治措施　适当减少动物性蛋白质饲料，并注意保证充足的维生素 A，饮水充足，禁用霉变饲料，禁止长时间使用磺胺药类。

发病后可用大黄苏打片每只鸡一次半片，连服用 5 天。

7. 啄癖　鸡互相啄肛、啄趾、啄羽，严重危害鸡群。

（1）病因　饲料中缺乏含硫氨酸等氨基酸或维生素，食盐，或因光线过强，饲养密度过大，湿度超过 75%，鸡舍内通风不良，氨气过大等应激因素，鸡只饥饿状态，肛门外粘粪便，处于换羽阶段也可造成啄癖。

（2）症状　成幼鸡均可发生，宫廷黄鸡以成年产蛋母鸡为多见，笼中两只鸡有时一只被啄，或互啄，被啄鸡呆立不动，轻者被啄出血，重者肠断外漏，造成死亡。

啄趾癖，宫廷黄鸡多发生于 6～8 周龄，鸡只之间互相啄食脚趾，有的出血跛行，有时不能站立。

啄羽癖，表现为鸡之间相互啄食羽毛，互相啄喙，情况严重时，颈羽、背羽都被啄光，背部啄伤，造成死亡。宫廷黄鸡种鸡冬季有此情况发生。

（3）防治措施　日粮配合一定要营养平衡，特别注意蛋氨酸、胱氨酸、色氨酸、维生素 A、烟酸及食盐的平衡。并且也要注意微量元素锰、铜的含量。鸡自然换羽时，日粮中可添加石膏粉 3 g/只，喂 3～5 天。食盐在日粮中占 0.3%，出现啄癖时再增 1％，喂 3 天后恢复正常。

对啄趾中雏，一是加强通风降低湿度，使空气新鲜；二是减少光照亮度和时间。

对已啄伤鸡只应单独饲养，或将伤口涂抹甲紫，这样既可灭菌防止感染，又能使鸡害怕，不再啄病鸡。

五、中西药物的配伍

近年来，不但有中草药配伍，而且还出现了很多中西药物的新生配伍方式治疗禽畜疾病，对此，郑继芳主编的《兽医药物临床配伍与禁忌》一书有详细的叙述，现摘录如下：

中西药物联用已久，可上溯至应用阿司匹林配伍白虎汤治疗"温瘟"，随着中西药物理学研究深入，中西兽医结合的发展，用中西兽药配伍治疗动物各种疾病，在临床上极为普遍，各类中西药物配伍组方的制剂日渐增多。中西药物合理配伍组方后，旨在产生协调作用，提高药物疗效，或先后应用中西药物，使临床疗效明显提高。用药剂量，毒副作用显著减少。如肺部感染时可用西药抗生素抗菌消炎，配合中药清热解毒，益气养阴，或化痰平喘等可提高疗效。如用小剂量的青霉素合用麻杏石甘汤治疗动物细菌性肺炎，青霉素与中药清热解毒口服液同用，治疗因感染所致的肺心病优于单用抗生素；TMP 与苦参合剂并用治疗典型性菌痢；TMP 与蒲公英组成的复方性注射液治疗动物支气管炎效果好；三黄泻心汤与西药止血剂合用可以显著增强止血功能。临床上为克服西药的毒副作用常配一些中药，可以大大地降低其毒副作用。如长期应用外源性激素，可引起机体阴阳失调，在激素使用早期配伍知母、熟地等滋肾阴药物，可防伤阴、防止激素致水钠潴留和内源性抑制的副作用，而在治疗后期、激素减量或停用阶段，佐以杜仲、鹿茸、甘草为主的温补肾阳药，可补阳兴奋肾上腺，皮质功能，减轻皮质激素潴留和停药后的反弹现象；又如 5 -氟尿嘧啶，环磷酰胺等药物常对胃肠道产生反应，若采用中药白及、海螺蛸粉与之制成复方制剂，不仅能止血消肿，还可以保护胃黏膜，防止消化道反应。由此可见，中西药物配伍应用，大多可以提高疗效，减少化学药物的用量，降低其毒副反应，并能发挥单独使用中药或西药不能取得的治疗作用，拓展了药物临床适应范围，缩短了疗程加速动物体质恢复，显示出极大的优越性。

六、禽用中药剂量计算方法

笔者综观十几册、几百种禽食用中草药的方剂，但由于历史上养禽没有规模化，又由于家禽品种很多，水陆空的生物特性差异很大，所以每个方剂适用群体的大小不等，有的是按 50 只有的是按几千只，有的按照体重每天喂料，料量的百分比投药，有的是按患病鸡当时周龄，有的是按煎后药汁投服，有的用粉碎拌饲料投服，为此造成虽然有方剂而不知每味药量，无法使用，因此需要通过探讨怎么识方剂为自己所养病禽服务。

1. 大中禽群按饲料百分比计药量　现代养禽大群批量应在 1 万只以上，中群在千只以上，对于这样的群体我们所见的 50 只、几百只一次或几天一次的疗程的方剂，必须有个药方剂总量与每个方剂中每味药比较合理的计算方法，笔者从 1991 年开始为鸡使用中草药防治，均采用按每天鸡群采食量计算应投入的每天的药量，再按一个疗程共需要投入药量计算供参考。例如：荆防败毒散处方是：荆芥 45 g、防风 30 g、羌活 25 g、独活 25 g、柴胡 30 g、前胡 25 g、枳壳 30 g、茯苓 45 g、桔梗 30 g、川芎 25 g、甘草 15 g、薄荷 15 g。该方由于无法得知药量是多少，是什么禽，疗程多长时间，对此，我们只有根据本场饲养的是什么品种，批量计算药物总量和每味药量，鸡、鸭、鹅无论什么品种，无论什么年龄，采食量是有规律的，按批量首先计算出日采食量或耗料，就能因地因时计算药量，比如，我们饲养的是某种中型体重成年鸡，日采食量 125 g，3 525 只采食量是 125 g×3 525 只＝440 625 g，一般按饲料量的 3％投药治疗，用 440 625 g×0.03＝13 219 g（药总量），以求药日总量，再求每味药量。方法是：将方剂中 12 味药每味累加，即 45＋30＋25＋25＋30＋25＋30＋45＋30＋25＋15＋15＝340 g，将总药量作为百分之百，然后每味药量除以方剂总药量，得出每味药占总药量的百分比即：荆芥 13.2％，防风 8.8％，羌活 7.3％，独活 7.3％，柴胡 8.8％，前胡 7.3％，枳壳 8.8％，茯苓 13.2％，桔梗 8.8％，川芎 7.3％，甘草 4.4％，薄荷 4.4％，将 12 味药百分比相加等于 99.6％，还缺 0.4％达到百分百。对此，我们可将君药再加上 0.4％，即荆芥变为 13.6％，然后每味药所占百分数乘以总日药量，得出每味药数量（g），如计算荆芥药量，即每日饲料添加总药量 13 219 g×0.136＝1 798 g，以此类推，将后 11 味药计算重量……如果 5 天一个疗程，则再将每味药乘以 5，得出每味药总量。

2. 小禽群实数计药量 我国改革开放之前对数是几十、几百只饲养禽群，因中兽医多按 50、100 只得群体配置方剂，对于这类方剂除按上述用百分比计算每味药量，还可以采用实数计数的方法。如胡元亮《中兽医学》840 页治疗鸡新城疫方：金银花、连翘、板蓝根、蒲公英、青黛、甘草各 120 g（100 只鸡一次用量）。如果是 200 或 300 只鸡，则按倍数加每味药的药量即可；如果鸡数大于或小于整数则需计算出每只鸡一次每味药量，即 120÷100＝1.2 g，然后按鸡实际数量乘以各味药，分别相乘后再乘以疗程天数。上方剂如果是 745 只鸡，则是 1.2 g×745 只×3 d＝2 682 g，即金银花等六味药每味 2 682 g。而六味药则为 2 682 g×6（味）＝16 092 g

3. 禽个体用量的确定 禽类品种繁多，个体大小重量多少的差异很大，仅鸡来说就能说明这一点。火鸡体重是普通鸡的八九倍，所以它们用药每只多少克则缺乏科学性，即便是同一品种，同一周龄。给禽用药是防病治病，而求的是疗效，为达到满意的疗效就是要确定每只每群甚至每味药的用量，才能有效地、更合理地、更科学地用药，以达到预防疾病，治疗疾病的目的，并且不产生副作用，更经济。

由于遗传的影响，同一禽种体重也不会一致，用药时也只能按群体平均个体重量计算方剂总量，到底怎么确定每只禽每天用多少量合适呢，禽应是体重的 1/20，详见表 8-3、表 8-4。

表 8-3　不同种类畜禽用药剂量比例

畜禽别	用药剂量比例	畜禽别	用药剂量比例
马（体重 300 kg）	1	猪（体重 60 kg）	1/8～1/5
黄牛（体重 300 kg）	$1\frac{1}{4}$	犬（体重 15 kg）	1/16～1/10
水牛（体重 500 kg）	$1～1\frac{1}{2}$	猫（体重 1.5 kg）	1/32～1/20
驴（体重 150 kg）	1/3～1/2	兔（体重 3 kg）	1/25～1/15
羊（体重 40 kg）	1/6～1/5	禽（体重 1.5 kg）	1/40～1/20

表 8-4　给药途径与剂量比例关系表

途径	内服	直肠给药	皮下注射	肌内注射	静脉注射	气管注射
比例	1	$1\frac{1}{2}～2$	1/3～1/2	1/3～1/2	1/4～1/3	1/4～1/3

为了饲养出绿色的中华宫廷黄鸡肉蛋食品，笔者在该书中增添了中草药防病治病，笔者曾编著了《中兽医系统防治禽病大全》，由中国农业出版社出版，书中共收集 842 个方剂，供参考使用。

第九章

报刊刊载有关宫廷黄鸡部分文章

一、果有凤凰在人间

作者：北京电影学院孙建三，刊载于 1994 年 2 月 4 日《经济参考报》第四版。

果有凤凰在人间

这世界上真有凤凰吗？

"鸡鸭鱼肉山珍海味"，为什么中国人的食文化八字真言，鸡独享其尊排名冠首呢？

今年 52 岁了，小学时一件往事却不能忘怀，那是五年级的事，一位同学问老师：世界上有凤凰吗？老师回答：世界上没有凤凰，那是人们幻想出来的。

奶奶是一位学者，是中国人上洋大学的第一批大学毕业生。为什么我们这个科学和经济曾是人类排头兵的中华民族，后来落成了列强的糕饼。

儿时过年到处画着凤凰，可老师说世上没有凤凰，这到底是怎么回事，于是我问奶奶：世上到底有没有凤凰。

奶奶的书很多，放了三大间屋子，听了我的提问，一本一本找出了很多古书来翻，找出一些古代人关于凤凰的记述给我听，事过 40 多年了，我仍然记得奶奶的一些话。她说：凤凰一定是有的，不然不会有这么多古代先哲学人记述他们的目击，这是一种珍贵稀有禽类，它头有金丝羽冠，嘴下有金丝的大胡子，它行走如飞脚下生风，生相行相高贵而与众不同，它通体金黄，至贵至尊。

第二天上课时我举手对老实讲：老师，昨天您说得不对，这世界上是有凤凰的，奶奶对我讲的。老师听了不高兴地说：你奶奶没文化不懂。我说：奶奶比您有文化，她原来是校长。老师生气了，一指门，我难过得在门外站了一节课，于是这件事至今不忘。

后来长大了，也时时想起奶奶当日关于凤凰的话。这话中唯有脚下生风行走如飞一节百思不解，一个禽类如何可以脚下生风，又如何可以行走如飞呢？

后来读过一些书，书上有关凤鸡同族之类的记述。后来又读书，得知中国食文化八字真言——鸡鸭鱼肉山珍海味。鸡字打头，独尊珍贵，是因为明清两代皇帝每日每餐诸菜之中，每餐必以鸡为其首，其他青菜也以鸡汁为佐，而这种鸡又非寻常之鸡，是一种通体金黄，头有金丝羽冠，嘴下金丝须，行相及尊，步行如飞非凡之物，它排餐于御膳之首，为取"龙凤呈祥"之吉，因此凤为君食之物，书家行笔不敢以凤鸭鱼肉而书，又因皇餐每必杀此物为食，杀凤二字不可入纸以为不吉，因此，以鸡鸭鱼肉排列。此处鸡实非寻常之鸡，而是专供皇帝一人独享的非凡之物——凤凰。

我本来以为这东西过去极稀，后来也一定灭绝了。不想两年之前竟然见到此物。就在北京之郊，距首都机场只 8 km 远，果然是一种生相行相非凡之物，每只足下有一支羽翼，行走起来自然足下生风。

负责对此珍禽饲养保种工作的张国增同志告诉我，此禽现由溥杰先生定名为：中华宫廷黄鸡，是过去宫廷独有的珍品。

见此奇珍，又听说此物是天下之第一美味，于是斗胆问道：这东西可以吃吗？张国增同志道：你们从城里远来当然要请你尝了，不过目前我们条件太差，不能多做，杀两只尝尝味吧。

活了 50 多年，自幼随父走南闯北，后来又干了电影行，又做专栏作家，天下美食吃过太多了，一吃此禽才知，过去吃过那些东西算是什么美食！

我想，如果哪一位有远见的企业家，对此禽的饲养投资发展起来，一定会造福人类，投资者也一定会大大的收益，功在千秋了。

二、钱学森倡言

——运用市场机制保育珍稀物种

附 本报评论员：《换一个思路看问题》刊载在 1994 年 3 月 30 日《经济参考报》第 1 版。

本报两消息投石击水

钱学森秉笔倡言

运用市场机制保育珍稀物种

本报讯 著名科学家钱学森同志看了《经济参考报》的两篇报道后，致函国务委员宋健同志，就野生动物产业化问题提出了自己的看法。宋健办公室近日给本报转来了钱学森 2 月 6 日给宋健的信函，并建议公开发表。

钱学森同志在信中说："2 月 4 日《经济参考报》一版及四版有两则报道，现附上其复制件，都是有关珍稀动物的保护繁殖的。它们都道出一条思想：珍稀动物的保护繁殖可以利用社会主义市场机制，即经国家审批，成立某种珍稀生物的保育公司，面向世界经营此物种。这样就解决了单靠吃皇粮的困境。"

信中提到的两篇报道分别为《保护扬子鳄成效举世瞩目》和《果有凤凰在人间？》。前者介绍了我国有关专家和科技人员经 10 年努力，人工饲养、繁殖我国特有的古老珍稀爬行动物扬子鳄获得成功。同时，我国向《濒危野生动植物种国际贸易公约》组织提交的《请求注册第一个商业笼养繁殖附录——物种计划建议书》获得通过，我国人工繁殖的第二代幼鳄由此进入国际市场。后者介绍了一种人工培育繁殖的珍稀物种——形似"凤凰"的宫廷黄鸡，由于没有资金开发，鸡场处于勉强维持的状态。此文发表后，编辑部接到大量来电来函同咨询有关投资开发事宜。

换一个思路看问题

本报评论员

编辑部无意间在同一天刊登了两篇有关野生、珍稀动物保护繁殖的文章，有心的读者——著名科学家钱学森同志仔细阅读后从中理出了一条利用社会主义市场机制养护野生、珍稀动物的新思路。在此，我们殷切希望钱老的建议能得到有关部门的重视。

地大而物博。我国是世界上拥有野生动物种类最多的国家之一。我国特有的或主要分布于我国的大熊猫、金丝猴、扬子鳄、东北虎等珍稀野生动物就达 100 多种。作为一个历史悠久的文明古国，我国人工培养繁衍的动物物种更是不计其数，其中不乏如"宫廷黄鸡"这样的珍稀物种。这些珍稀物种不仅于维持生态平衡有重要作用，而且具有很高的实用价值及观赏价值及经济价值。因此，保护这些野生及珍稀动物，使其代代繁衍生息，不仅是为了维护我国丰富的物种资源，而且是作为地球人力求保持全球生物多样性所应承担的义务和责任。

我国的野生动物保护事业迄今已有了长足的发展，取得了令人自豪的成就。但毋庸讳言，由于人们对发展这项事业的重要性和必要性尚认识不足，更多的是把它作为一种纯公益性事业看待，单纯依靠国家的财政支持，单一的为了育种保护，再加上管理薄弱，人为破坏严重等诸多因素，使得在我国尚处于初创时期的野生动物保护事业显得捉襟见肘，一些物种保护工作甚至陷入"保将不保"难以为继的窘境。

换一个思路看问题，野生、珍稀动物的保护工作就可以成为一项既可求得自身发展，又能利国利民的"有利可图"的事业。

在严格遵守国家有关法令及有关国际公约的前提下，以保护、发展资源为原则，将野生、珍稀动物的保护繁殖工作列入社会主义市场经济的轨道，使物种繁殖产业化、商业化、面向市场、面向世界搞经营。如此，稀缺如扬子鳄，美味如宫廷黄鸡，既无绝种之虞，又可造福人类，两全其美，岂不快哉！愿有识之士三思。

全国政协八届二十一次常委会常委
品尝中华宫廷黄鸡后给单位的信

北京市宫廷黄鸡育种中心：

我宾馆在接待全国政协八届第二十一次常委会期间，承蒙贵育种中心向我们提供中华宫廷黄鸡这一美味保健佳肴，供常委们食用品尝，受到了常委们的一致好评。

宫廷黄鸡不但肉质鲜嫩，而且有补益五脏，添髓补精之功效。常委们食用后赞不绝口，都说中华宫廷黄鸡具有世界珍味之美称，不愧为中华一绝。为此，我宾馆代表全体常委对你们的大力支持表示最衷心的感谢！

中协宾馆（盖章）

一九九七年七月五日

三、中华宫廷黄鸡的保护神

作者：武勤英，刊载在 1997 年 12 月 19 日是《名牌时报》第 4 版。

中华宫廷黄鸡的保护神

前不着村，后不着店，一条幽静的乡村土路旁，有几排砖房，我国唯一的北京宫廷黄鸡育种中心就在这里。"喔喔喔"的打鸣声唤醒乡村一个又一个清新的黎明，几千条小生命每天都在这儿热热闹闹的成长、繁衍。只要你从颐和园北宫门沿着运河往西去，到了"稻香湖"往北拐，这一切将呈现在你眼前。谁是这里的主人？

初见中国鸡王，觉得他像个苦行僧

提着一个破旧的黑提包，走路左腿拖着受伤的右腿，脸上还明显地留着天花后遗症的痕迹……但只要听他讲起鸡来，你就准被深深地吸引，他就是这儿的主人畜牧师张国增，一个在这远离都市的地方，成天与鸡做伴，清心寡欲的"苦行僧"。

这天，主人听说我们是来参观珍稀物种中华宫廷黄鸡的，立刻从鸡舍捉出几只公鸡、母鸡，乍一看，与久违了的"九斤黄"、"北京油鸡"相似，但仔细一看，此鸡有高高的凤冠，稠密的胡须，扇形的毛腿，虽然也是黄嘴、黄毛、黄皮，但却不同于一般的三黄鸡。

也许，出生在门头沟百花山下西达摩村的张国增多少沾点达摩老祖的仙气，在他身上，既留着放羊娃的散淡，又有军旅生涯的规范，既带有北京市劳动模范的正统，又有在北京农业大学进修深造的睿智。外表淳朴得比乡下人还土，内心却是秀得像个大学问家，他干什么都十分投入，犹如他能熟悉鸡的每一根羽毛。他是我国颇有权威的中华宫廷黄鸡的研究者和育种人。交谈中发现，他不只单单了解鸡……

一只四岁的母羊救过他的命，从此他与动物结缘

张国增说他这辈子死过3次。1946年他一岁多时，家乡闹起了天花，他不幸被传染，当时家里穷得五口人盖一床被子，哪有钱看病，尽管他是男孩中的老大，妈妈只得忍痛要把鼻子没气的他就地埋葬，奶奶舍不得，在怀里整整抱了一天一宿，终于把他救活了。由于贫困，刚上到初中二年级，他就在生产队当了放羊娃。

1964年夏，张国增国食物中毒，昏倒在放羊的山坡上。这时，他训练的那只领头羊，一只4岁的母羊围着他转来转去，像

通人性似的用舌头吧嗒吧嗒地把他舔得苏醒过来。然而到了归家的时候，张国增还是不能动弹，这只由他唤作"领头羊"的带队羊，看着日头西沉，就学着小羊倌的样，围着羊群转了一圈，点点数，边吃草，边带着队伍回村，径直来到张国增家里，咩咩地叫着向张家的人报信。张国增的父亲和弟弟一看放羊的没有回来，知道发生了意外，飞奔着跑上山，把寸步难移的张国增背回了家。后来，张国增参军走了，5 年后回到家乡，那只"领头羊"还认得他，还像以前一样亲热地舔他的脸呢。不久，他把自己悉心钻研的成果变成了三本专著《山区养羊》、《科学养羊》、《高效养羊》……但这些成绩，并没有使他停下来对事业追寻的脚步。

路漫漫其修远兮，吾将上下而求索

张国增是 1977 年 1 月 3 日从部队复转分配到北京市畜牧办公室工作的。这正符合了他与动物打交道的心愿。从那时起，他又把兴趣转移到黄鸡的研究上。

说起黄鸡，这小小的物种竟与起伏的历史相系。由于它属于清廷御膳所专用，民间又称它为"皇帝鸡"、"凤凰鸡"。相传清末战乱，此鸡失落民间，新中国成立以后，中央警卫团曾从民间收集到 20 多只黄鸡饲养在巨山农场。该农场是向中央首长特供蔬菜、肉禽蛋等的副食品基地。后来，随着来杭鸡、迪卡鸡等高产蛋鸡的引进，特别是近年来一种 50 天即可养成上市高产肉鸡盛行之后，这种 120 天才能上市的中国黄鸡逐渐被人冷落。但它毕竟是中华珍稀物种。为此，北京市农委在"七五"、"八五"期间将此鸡列入科研攻关项目。

然而，由于管理不善再加上"洋鸡"的冲击，自家这一土生土长的鸡并未得到很好的开发和利用。到 1991 年 5 月，张国增调到育种公司时，公司只有 65 只血统混杂的黄鸡，亏损达到 425 万元。谁都认为养这种鸡是个赔本买卖，用了张国增的话说，就如同亲娘没有了，后娘到处找又找不到，谁都嫌弃它，不想管它。1994年6月，市农办决定将该公司交给当地，鸡无人过问，又一场灾难。而张国增东凑西借了2.3万元买下了这群无人愿意管理，前途莫测，别人眼里的怪鸡，精心培育，从此他与宫廷鸡结下了不解之缘。

就在1991年5月3日的那天晚上，一个奇迹发生了。

夜间八点多钟。张国增照例到鸡舍巡视，当他走到南边的鸡舍时，只见一只大个头的公鸡在笼上走来走去，见他到来竟一动不动地盯着他看，张国增也惊诧不已：我是学这个专业的，怎么从来没见过这样奇特的黄鸡，任何鸡的图谱上都没见过，包括《欧洲家禽图鉴》、《中国家禽品种志》。抱过来仔细看，这只鸡不但在飞节后长着翅膀，在趾爪的鳞片上也长着扇面似的羽翅，形象不但通体金黄，而且头顶金丝凤冠，嘴长着金丝髯，步履尊贵姿态非凡。张国增凭直觉感到，这才是真正的御用宫廷黄鸡。

他联想起1983年，为了调查宫廷黄鸡的历史，曾到圆明园附近的村庄做过走访，一位姓蔡的老者告诉他，圆明园北墙外肖家河村一带，曾专为皇室俸养宫廷黄鸡，此鸡有凤头，大胡子，大脑袋，腿上有鸡翎管，走路带着土……

张国增顿时精神大振，遂在这群鸡中逐个挑选，终于选出公母各半的4只长相与众不同的带有三黄、三毛、六翅的稀少鸡种。他坚信，这一重大发现，使扑朔迷离的关于宫廷黄鸡的传说得到了证实。

为了考证这一珍禽，他们抱了几只请末代皇帝的胞弟爱新觉罗·溥杰辨认，老先生一看，肯定地说"这就是'老佛爷'经常吃的鸡。"于是他便请这位权威鉴定人题写"宫廷黄鸡"四个字，但溥杰先生观鸡后讲"我不能题宫廷黄鸡，因为当今日本、英国等很多国家都有宫廷，而此鸡为我中华往日独有之珍品，所以我要给你们加两个字，写一个'中华宫廷黄鸡'。"此禽由此得名。这正是：

昔日帝王宫中宴，进入寻常百姓家

7年过去了，原来的4只种鸡，经过生生不息的繁衍，已发展到今天的1 400多只纯种后代子孙。

张国增为了这一珍品的保促、提纯、扶状，付出了全部心血。在最困难的时候，他曾被不理解的人轰来撵去，顺义、怀柔、昌平、海淀，他护着鸡笼到处搬家，他坚信在人们吃腻了千只一味的肉鸡后，"宫廷黄鸡"会再现辉煌！经过千方百计地改进饲料，他发明了一种独特的天然中草药添加剂，只用清水加盐，烹着吃会香味四溢。他曾请农科院的几位专家做过测定，中华宫廷黄鸡含有的谷氨酸、赖氨酸、有效磷、钙和粗蛋白远远高出引进的优质肉鸡，其十八醛、棕榈醛等美味成分比引进的肉鸡高出几倍至几十倍，的确有滋补健身之功能。

看见他在极其简陋的工作环境中为保留中华民族的珍禽，为造福黎民百姓所做出的无私奉献和惊人成绩时，觉得好像寻到了我们中华民族之魂。

默默无闻，倔强坚贞，活得洒脱，心境超群。道是苍天有眼，不负斯人。张国增——当代鸡王，真不愧是中华宫廷鸡的保护神，我们祝福你！

四、营养与中医专家对中华宫廷
黄鸡的鉴定意见

北京宫廷黄鸡育种中心畜牧师张国增通过8年来对明清御膳品——中华宫廷黄鸡进行了保种、选育、配套、纯天然无公害饲料以及饲养工艺的研究，培育出这一外貌独特，即"三黄"、"三毛"、"六翅"，既具有观赏价值，又具有独特鲜味和富含营养的品种。

北京宫廷黄鸡育种中心于1998年11月1日邀请中国预防医学科学院营养与食品卫生研究所和中国中医研究院8名专家对中

华宫廷黄鸡进行了营养与中药价值的研究和鉴定。

1. 蛋白质含量超过一般的鸡　根据中国预防医学科学院营养与食品卫生研究所的检测报告，中华宫廷黄鸡肉每 100 g 含蛋白质 22.8 g，而北京油鸡为 20.8 g，白羽蛋鸡 21.6 g，快大肉鸡 16～19 g，宫廷黄鸡分别比它们高 2 g、1.2 g 和 3.8～6.8 g。中华宫廷黄鸡血每 100 g 中含蛋白 12.9 g，比快大肉鸡血 7.8 g 高 5.1 g。由此可见，中华宫廷黄鸡肉含蛋白质超过其他品种鸡肉。

2. 氨基酸与人体组成成分相近似　鸡肉的蛋白质能被人体很好地吸收和利用。同时，含有各种人体必需氨基酸。中华宫廷黄鸡肉中 11 种人体所需要氨基酸的含量普遍高于其他鸡肉。尤其是谷类蛋白质（中国人膳食蛋白质的主要来源）中最缺乏的赖氨酸，中华宫廷黄鸡肉每 100 g 高达 2 060 mg，比白羽蛋鸡的 1 730 mg 高出 330 mg，比快大肉鸡 1 474 mg 高 586 mg。还有两种人体必需的含硫氨基酸（蛋氨酸、胱氨酸），中华宫廷黄鸡肉也比其他肉鸡高 60～154 mg。

3. 肉质鲜嫩　该品种由于从出壳到 120 日龄全部用合理配制的饲料和纯天然草药添加剂饲养，不用抗菌药和激素，因而鸡肉肉质细嫩、味道鲜美，而没有一般鸡肉在不加作料烹调时具有的腥味。检测结果表明，主要决定鸡肉鲜味的谷氨酸，中华宫廷黄鸡肉每 100 g 含谷氨酸 3 580 mg，而北京油鸡含 3 061 mg，快大肉鸡只含 2 667 mg。因此，中华宫廷黄鸡在烹饪时只需加少许盐不需加任何其他调料，消费者可享用鸡肉和鸡汤原有的色、香、味。此外，其鲜味也与此鸡的天门冬氨酸（每 100 g 含 2 230 mg）和胱氨酸（每 100 g 含 310 mg）含量高于其他鸡肉。

4. 具有很高的药用价值　中国由《神农本草经》就记载鸡治病，唐《食疗本草》、明《本草纲目》都有黄雌鸡是中草药的记载。《本草纲目》禽部 48 卷载黄雌鸡主治"伤中消渴、补益五脏，续绝伤，疗五毒、益气力……补丈夫阳气"，是壮阳、提神的。载"治劳劣、添髓补精"是滋阴的。根据《本草纲目》讲治

9 种病，根据治"消渴饮水"（糖尿病）和"小便数而不禁"（前列腺炎）最有现实意义。

现在黄母鸡并不都具有中药价值。《本草纲目》中"黄者土色，雌者坤象"的鸡与现在的中华宫廷黄鸡外形相同，更重要的是现在机械化养的黄鸡喂配合饲料，促进鸡快速生长、多产蛋，不能起药的作用，而张国增养的鸡用中草药防病治病，没有污染才能具有药用价值。这才是科技水平。

与会专家一致认为中华宫廷黄鸡是在明清时代流传下来的优良鸡种的基础上经过精心的培育，培育出来的一种具有独特食用和营养价值的鸡种。其肉质不但细嫩、可口和味鲜，而且蛋白质含量高、氨基酸组成合理，是一种真正的无公害绿色食品。中华宫廷黄鸡的培育和繁殖工艺已成熟，如有一定资金投入和加强宣传力度，一定可以为我国历史悠久的中华饮食文化增添光彩。

陈君石：中国政协委员、中国预防医学科学院营养与食品卫生研究所副所长、研究员。

王光亚：中国营养学会秘书长、中国预防医学科学院营养与食品卫生研究所研究员。

赵熙和：中国预防医学科学院营养与食品卫生研究所研究员。

周瑞华：中国预防医学科学院营养与食品研究所化验室主任高级技师。

周超凡：中国政协委员、国家药典委员会委员、中国中医研究院基础研究所治则治法室主任研究员。

张静楷：中国中医研究院基础研究所研究员。

林育华：中国药学会《中国中药杂志》主编兼名誉社长，中国中医研究院中药研究所研究员。

哈达：中国中医研究院中医研究所科技处副处长、副研究员。

附表　各品种鸡肉的蛋白质和氨基酸含量

项　　目	宫廷黄鸡	北京油鸡	白羽蛋鸡	快大肉鸡
蛋白质（每100 g，g）	22.8	20.8	21.6	16～19
天门冬氨酸（每100 g，mg）	2 330	1 845	—	1 612
苏氨酸（每100 g，mg）	1 060	716	830	774
丝氨酸（每100 g，mg）	910	1 064	—	691
谷氨酸（每100 g，mg）	3 680	3 061	—	2 667
甘氨酸（每100 g，mg）	1 120	926	—	895
丙氨酸（每100 g，mg）	1 390	1 795	—	1 044
胱氨酸（每100 g，mg）	310	—	230	199
缬氨酸（每100 g，mg）	1 080	724	940	875
蛋氨酸（每100 g，mg）	620	525	560	466
异亮氨酸（每100 g，mg）	1 010	798	880	840
亮氨酸（每100 g，mg）	1 890	1 643	1 560	1 416
酪氨酸（每100 g，mg）	780	648	650	606
苯丙氨酸（每100 g，mg）	910	706	790	754
组氨酸（每100 g，mg）	870	583	640	546
赖氨酸（每100 g，mg）	2 060	1 794	1 730	1 474
精氨酸（每100 g，mg）	1 550	1 516	—	1 151
脯氨酸（每100 g，mg）	860	1 543	—	796
色氨酸（每100 g，mg）	330	280	230	234

注：该表数据由王光亚研究员提供。

参考文献

包世增. 1993. 家禽育种学 ［M］. 北京：农业出版社.

黄春元. 1996. 最新养禽实用技术大会 ［M］. 北京：中国农业大学出版社.

李时珍. 1982. 本草纲目 ［M］. 北京：人民卫生出版社.

彭铭泉. 1994. 中国药膳学 ［M］. 北京：人民卫生出版社.

邱祥聘. 杨山. 1993. 家禽学 ［M］. 成都：四川科学技术出版社.

项大实. 1996. 实用兽医手册 ［M］. 北京：北京出版社.

席克奇. 1997. 肉鸡生产指导手册 ［M］. 北京：中国农业出版社.

萧源. 1986. 永乐大典医学集 ［M］. 北京：人民卫生出版社.